頂尖甜點師的

甜餡塔私藏作

瑞昇文化

頂尖甜點師的甜餡塔私藏作

Contents

閱讀本書之前

- 本書詳實解說35家名店派塔的使用材料與做法，並說明調味上的想法。
- 本書所載之價格、供應期間、材料與做法、設計等，皆為參考用。實際資訊以店家公告為準。
- 材料與做法，謹遵各店所提供的方法記載。
- 文中的「適量」，請依製作時的實際狀況及個人喜好調整。
- 材料中，鮮奶油及牛奶的「%」表示乳脂肪成分、巧克力的「%」表示可可成分。
- 無鹽奶油的標準標示為「不使用食鹽的奶油」，但本書皆以通稱「無鹽奶油」標示。
- 加熱、冷卻、攪拌時間等，謹依各店所使用的機器為準。

Maison de Petit Four

店東兼主廚　西野 之朗

無花果塔

塔的千變萬化

水果塔
＊甜麵糰
→P.156

蜜魯立頓塔
＊甜麵糰
→P.167

維奇（vache）
＊鹹麵糰
→P.173

談話塔
＊千層酥皮麵糰
→P.174

新橋塔
＊千層酥皮麵糰
→P.174

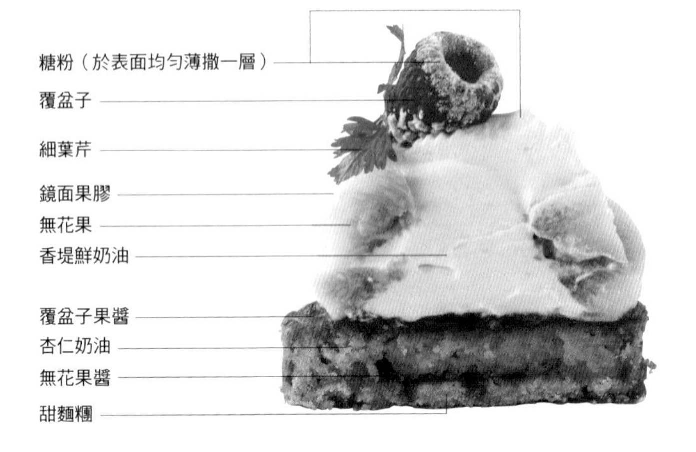

大量使用僅在夏末至初秋時節才有的新鮮無花果。在甜麵糰底部放進濃縮了無花果美味的無花果醬，待塔皮烤好後，再於上面噴灑櫻桃白蘭地，塗上覆盆子果醬。也在新鮮無花果上面噴了櫻桃白蘭地，讓白蘭地與無花果醬、覆盆子果醬聯手為淡淡的無花果增添亮點。

塔皮

甜麵糰。使用100%法國產的麵粉，口感香酥鬆脆。塔底放上無花果醬，再擠上滿滿的杏仁奶油餡後烘烤。

模型尺寸：直徑7cm×高1.5cm

用櫻桃白蘭地的香氣與覆盆子
來提升無花果的風味

無花果塔

508日圓（含稅）
供應期間　8月～9月後半（無花果上市時期）

無花果塔

〈杏仁奶油餡〉

材料

約20個分

無鹽奶油……150g
杏仁糖粉
- 杏仁粉……150g
- 純糖粉……150g

全蛋……150g

1. 將奶油回軟至滑順的髮蠟狀態，放進杏仁糖粉，用打蛋器攪打均勻，但不要拌進空氣。

2. 將恢復常溫且打散的全蛋分2～3次放進去，攪拌均勻，但不要拌進空氣。

3. 攪拌均勻後，用刮刀整理成形，然後用保鮮膜封住鋼盆，放進冰箱冷藏半天將之封緊。

4. 放進事先過篩好的麵粉，稍微攪拌，不要搓揉。

5. 換拿刮板，將麵粉整理至不見粉狀。

6. 砧板上鋪一張塑膠布，將**5**移到塑膠布上，包起來整理成形，放進冰箱冷藏約半天。

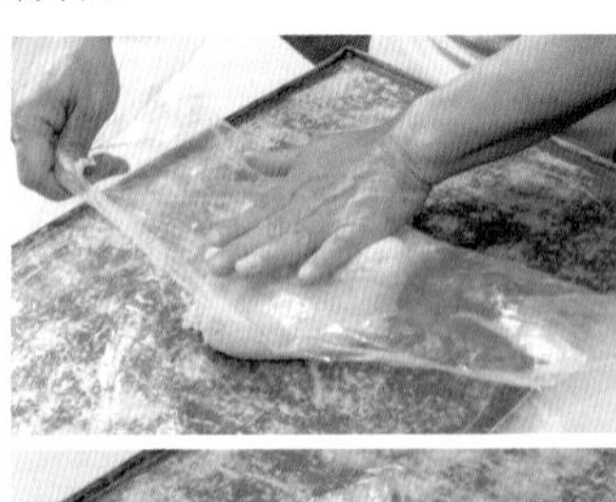

〈甜麵糰〉

材料

直徑7cm×高1.5cm的塔圈　約20個分

無鹽奶油……200g
純糖粉……120g
杏仁糖粉
- 杏仁粉……80g
- 純糖粉……80g

全蛋……60g
中筋麵粉（日清製粉「ECRITURE」）……400g

1. 將奶油回軟至滑順的髮蠟狀態，放進糖粉，用打蛋器攪拌均勻，但不要拌進空氣，因此絕對不要打到發泡。

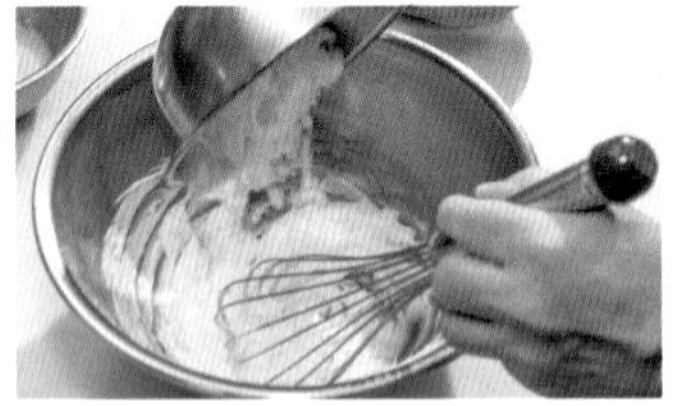

2. 放進杏仁糖粉，攪拌均勻，但不要拌進空氣。

3. 將恢復常溫且打散的全蛋分2次放進去，攪拌均勻，但不要拌進空氣。

〈鋪塔皮與烘烤〉

材料

無花果醬＊……………………適量

＊無花果醬
（備用量）
無花果……………………2000g
細砂糖……………………1600g
檸檬汁……………………2個分

1. 無花果洗淨後，連皮縱切成4等分。
2. 將**1**放進鍋中，撒上細砂糖。用刮刀充分攪拌，不要讓無花果燒焦，並且撈掉過程中產生的浮末。
3. 待略呈糊狀、整體出現透明感後，放進檸檬汁，煮沸。

1. 將鬆弛好的麵糰用壓麵機壓成厚度2.5mm，再用戳洞滾輪戳出氣孔。

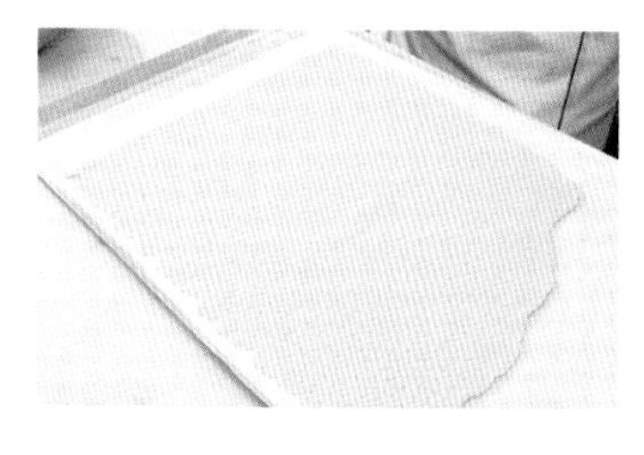

2. 用直徑10cm圓型模割出塔皮。

3. 在直徑7cm×高1.5cm的塔圈中薄塗一層無鹽奶油（適量），然後將**2**緊密地鋪進去。

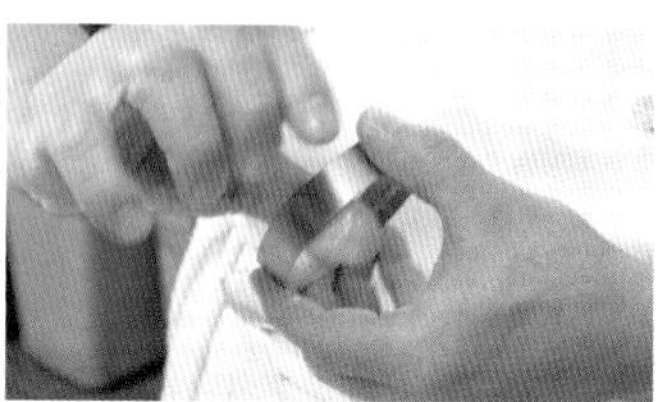

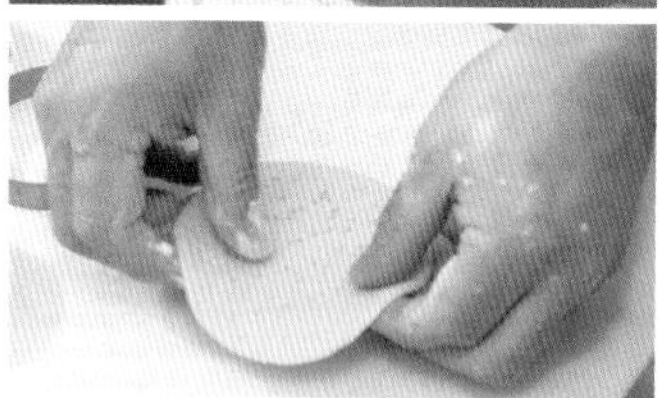

4. 切掉模型外多餘的塔皮。

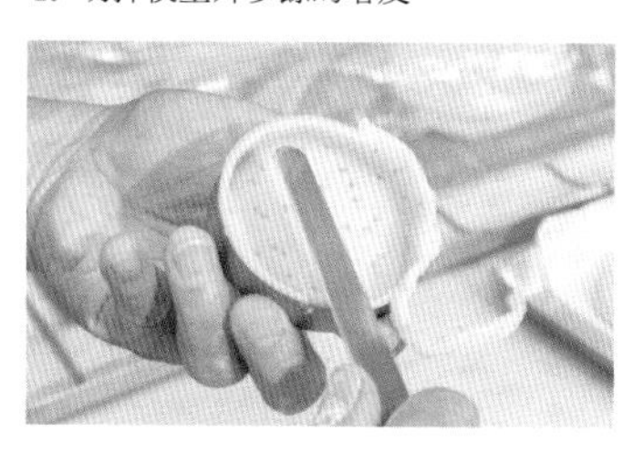

5. 將無花果醬薄而均勻地放在塔台底部中央，然後用杏仁奶油餡將塔圈整個填滿。

6. 放進上下火皆180℃的烤箱中烤30分鐘。

〈組合與完成〉

1. 將烤好的塔皮從模型中拿出來，放在砧板上，用專用的噴霧器將櫻桃白蘭地噴灑上去，使之浸潤。

2. 用奶油刀將覆盆子果醬薄塗上去。

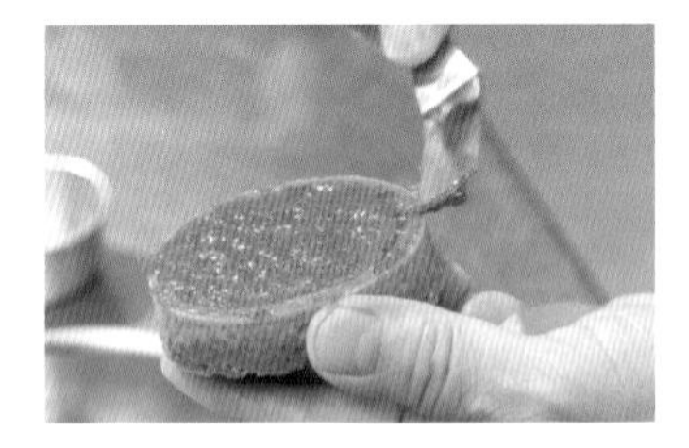

3. 用直徑16mm的圓形擠花嘴將香堤鮮奶油擠到塔上，一個擠15g，然後冷藏。

4. 無花果去蒂，切成8等分，去皮。用專用的噴霧器將櫻桃白蘭地噴灑上去，使之浸潤。

5. 用6片無花果像要圍起3的香堤鮮奶油般，美美地排上去。再用專用的噴霧器將鏡面果膠噴灑上去。

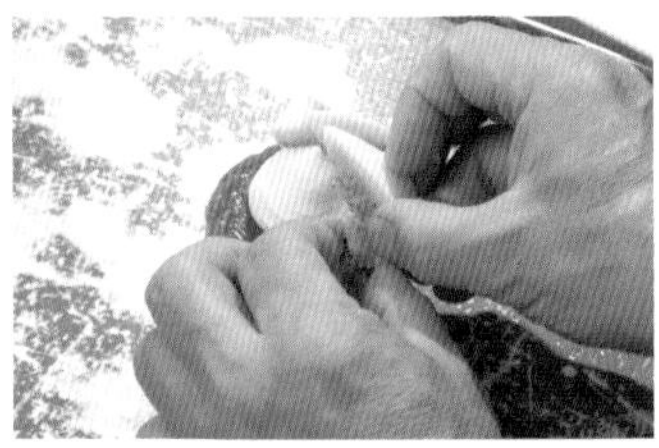

6. 用直徑10mm的星形擠花嘴將香堤鮮奶油擠在頂點。將覆盆子輕輕按在糖粉上，讓果實的邊緣確實沾上糖粉，然後一個塔裝飾一顆覆盆子。最後整個撒上糖粉，再裝飾細葉芹。

材料

1個分

櫻桃白蘭地	適量
覆盆子果醬＊1	適量
香堤鮮奶油＊2	適量
無花果	（切成8等分）6片
鏡面果膠	適量
覆盆子	1個
防潮糖粉	適量
細葉芹	適量

＊1 覆盆子果醬
（備用量）

A 水飴	24g
A 細砂糖	42g
A 水	9g
覆盆子（冷凍）	120g
果膠	4.8g
細砂糖	27g
檸檬汁	7g

1. 鍋中放進A，煮沸後放進覆盆子，再以中火繼續煮。

2. 先將果膠和細砂糖充分拌勻，待1沸騰後就放進去，再放進檸檬汁後立即熄火。移到另一個容器裡放涼。

＊2 香堤鮮奶油
（約20個分）

40%鮮奶油	350g
細砂糖	24.5g

1. 將鮮奶油和細砂糖打發至拉出來的尖端會挺直的程度。

在恆溫的派皮作坊 製作最佳狀態的麵糰

1990年開業的「Maison de Petit Four」烘焙點心專賣店，於2004年起也開始製作含水量較高的生菓子，從此產品更豐富了。為了製作出各式各樣的點心，店內廚房相當大，二樓是專門製作生菓子和巧克力的工作坊，室溫控制在23到24度。一樓的店鋪後面有個以門隔開的派皮作坊，室溫則維持在18到20度。

這次介紹的「無花果塔」，是一款使用新鮮時令水果無花果所做成的塔，底座採用甜麵糰。

「整體考量後，我決定採用較薄的塔皮，只有2.5㎜，太厚就吃不出美味來了。」西野之朗主廚說。

甜麵糰的製作關鍵在於，將奶油回軟後，依序加進糖粉、杏仁糖粉、全蛋、麵粉，這樣的順序比較容易攪拌均勻，而且整個攪拌過程都不要拌進多餘的空氣，因此動作必須迅速。

為了快速攪拌，必須讓所有材料恢復至常溫，尤其蛋如果是冷的，就會分離而不易拌勻，因此必須恢復常溫。

西野主廚選用的麵粉是日清出品的「ECRITURE」。這是百分之百使用法國產小麥所製成的燒菓子專用麵粉，「口感酥酥鬆鬆，而且味道很好，用起來也很方便。」西野主廚說。

麵粉加水混合後會起筋，烤起來就會縮小，因此要最後放，而且只要拌勻就好，不要用力搓揉。如果起筋，就讓麵糰冷卻一下，起筋狀況便會消解一些。

攪拌、擀壓、鋪塔皮這些動作會讓麵糰的溫度上升，裡面的奶油就會融化導致麵糰疲軟，這時候就有必要降溫。

因此，在常保低溫的派皮工作坊做出來的麵糰會比較好用。不過，仍必須減少碰觸麵糰的次數，並且迅速完成所有作業，才能做出最佳狀態的麵糰。

用噴霧器來噴灑 浸汁與鏡面果膠

壓好麵糰後，用戳洞滾輪戳出氣孔，再用模型割出塔皮，然後緊密地鋪進塔圈裡。

如果塔皮與塔圈之間有空隙讓空氣進入，烤出來就會呈凹陷狀，須特別留意。在塔底放一些無花果醬，然後再將杏仁奶油餡擠滿整個塔圈後烘烤。

烤好以後，立刻用專用的噴霧器將櫻桃白蘭地噴上去。西野主廚認為新鮮無花果與櫻桃白蘭地很搭。

「如果不在烤好後立刻上酒或糖漿，就不會完全入味，而噴霧器可以快速且均勻地為大量的塔完成這項作業。如果是用毛刷來一個一個刷，就算再怎麼小心，毛刷也有脫毛的可能，但用噴霧器就不必擔心了。」這就是使用噴霧器的理由。

噴好櫻桃白蘭地後，就塗上覆盆子果醬。覆盆子果醬與任何材料都很搭，味道也比草莓更有個性，而且帶酸味，正適合搭配味道偏淡的無花果。

鮮奶油裡加進比例為百分之七的細砂糖，充分打發成香堤鮮奶油後，擠進烤好的塔台上，再放進冰箱冷藏使之凝固，接著再斜斜立起地排上無花果片。無花果片也要用噴上櫻桃白蘭地來增添風味。

最後上鏡面果膠，一樣不使用毛刷來刷，而是使用專用的噴霧器來噴。

「該用手去做的步驟就要確實用手做到，不能偷懶，但其他步驟可以利用工具來完成，節省出來的時間就可以留給須動手進行的部分了。而利用工具還有一大優點，就是衛生，我們做的是要送進客人嘴裡的美食，衛生安全當然最重要了。」

環境完備的工作坊、提升效率的器具，以及職人確實的手工，正因為這三項完美結合，才能製作出一個個精緻可口的甜點吧。

Pâtisserie Salon de Thé Goseki

店東兼主廚　**五關 嗣久**

大黃塔

塔的千變萬化

洋梨巧克力塔
＊巧克力甜麵糰
→P.162

檸檬塔
＊杏仁奶油餅乾麵糰
→P.168

柳橙塔
＊杏仁奶油餅乾麵糰
→P.168

香草香蕉巧克力塔
＊巧克力奶油餅乾麵糰
→P.169

紅桃塔
＊快速千層酥皮麵糰
→P.175

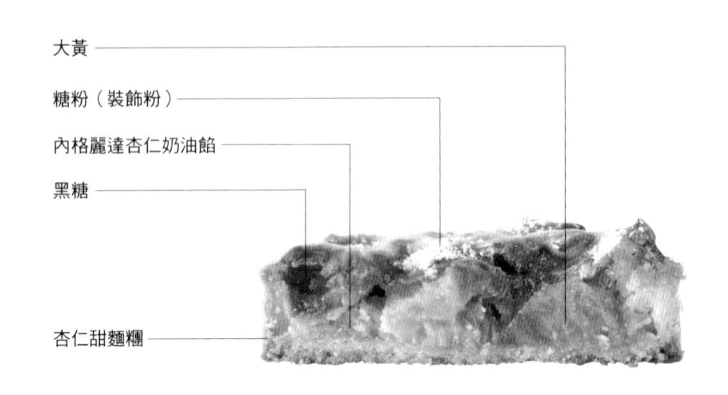

這是一款以在歐洲相當普及的大黃為主角，再搭上濃郁的杏仁甜麵糰、加入內格麗達萊姆酒（NEGRITA）的杏仁奶油餡所完成的塔。大黃並未加工，直接放上去，撒上黑糖後烘烤。一口咬下去，麵粉的芳馥、焦糖化黑糖的濃重、大黃的酸甜等層次豐富，隨後，發酵奶油的香氣緊追上來。透過烘烤，素材的滋味全部濃縮在一塊塔上，令人回味無窮。

塔皮

以甜麵糰為基底，再配上稍多分量的奶油與杏仁粉，製成美味又爽口的塔皮。烘烤之前倒進內格麗達杏仁奶油餡。

模型尺寸：直徑8cm×高1.5cm

內餡的味道融入塔皮，美味無法擋

大黃塔

455日圓（含稅）
提供期間　全年

大黃塔

〈內格麗達杏仁奶油餡〉

材料

約40個分

發酵奶油（雪印MEGMILK）⋯200g
杏仁糖粉
　杏仁粉⋯200g
　糖粉⋯200g
全蛋⋯160g
內格麗達萊姆酒⋯50g

1. 將恢復室溫的奶油放進鋼盆中，用橡皮刮刀攪拌到快呈膏狀前停止。

2. 製作杏仁糖粉。鋼盆中放入杏仁粉和糖粉，用手攪拌到呈鬆散狀態。

3. 將2全部倒進1裡，用橡皮刮刀攪拌。如果空氣跑進去，將會影響在口中融化的口感，因此請用刮刀像切菜那樣邊切邊攪拌。

〈杏仁甜麵糰〉

材料

直徑8cm×高1.5cm的塔圈
約70個分

發酵奶油（雪印MEGMILK）⋯333g
糖粉⋯248g
杏仁粉⋯124g
鹽⋯2g
全蛋⋯100g
中筋麵粉（日清製粉「TERROIR Pur」）⋯500g

1. 將冰冷的奶油用保鮮膜包住，再用擀麵棍敲打到變軟好用的程度，放進攪拌盆中，用電動攪拌器以低速打成稍硬的奶油狀。

2. 糖粉、杏仁粉、鹽巴放進鋼盆，用手攪拌到呈鬆散狀態。

3. 將2全部放進1的攪拌盆裡，用電動攪拌器以低速攪拌，不要拌進空氣。

4. 在麵糰成團之前，將打散的全蛋分次放進去。用電動攪拌器以中低速攪拌，確認放進去的蛋汁都充分混和後，才繼續放下一次的蛋汁。

5. 蛋汁全部放進去後，就停止電動攪拌器，改用橡皮刮刀攪拌至滑順為止。

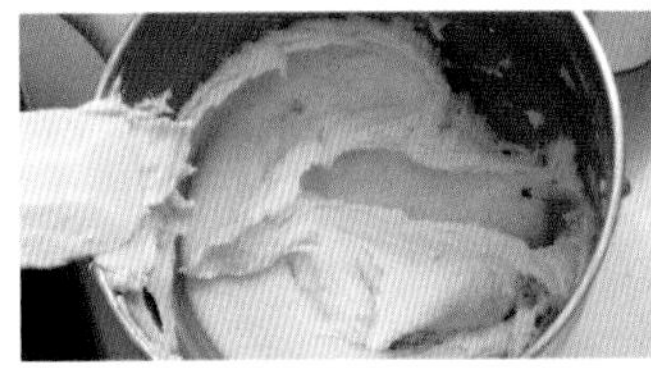

6. 過篩好的中筋麵粉全部倒進5裡，用橡皮刮刀快速攪拌，在快完全拌勻之前停止。

7. 將6拿到大理石檯面上，用刮板將麵糰推展開來。

8. 用手掌的下半部來推揉麵糰，推到滑順為止。

9. 將8整理成形，用塑膠袋包起來，放進冰箱冷藏1晚。

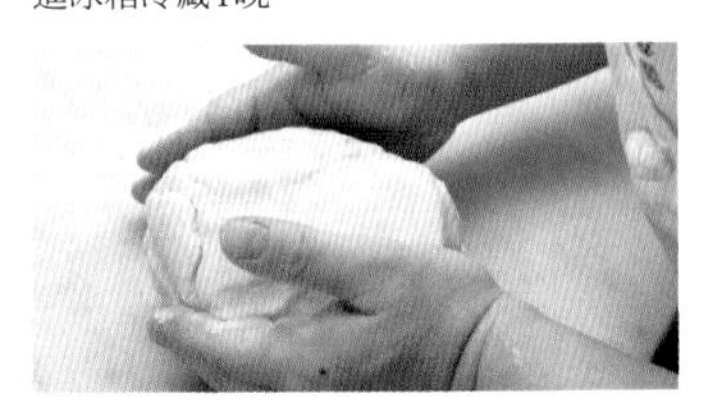

〈鋪塔皮與烘烤〉

5. 用擀麵棍捲起麵糰來翻面，然後不斷地朝45度角方向擀開。四個角落的厚度也要確實擀成一致。

6. 麵糰的兩側各放一根高3mm的厚度輔助器，然後把擀麵棍放在上面滾動，就能擀出厚度為3mm的平整塔皮了。

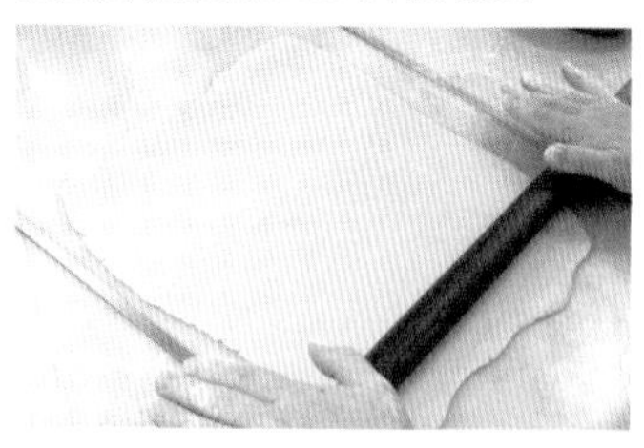

7. 用直徑11cm的塔圈割出塔皮。

8. 把**7**的下面那一面翻上來，然後鋪進直徑8cm、高1.5cm的塔圈裡。用拇指和食指夾住塔圈邊緣，以逆時針方向邊轉動邊鋪進去。

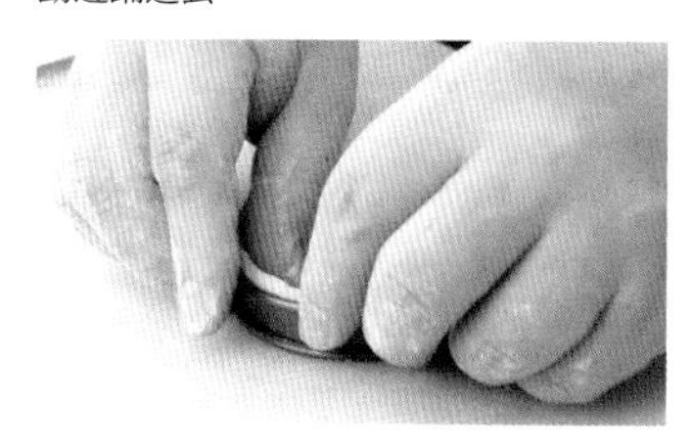

9. 讓塔皮緊密地貼進底部的邊角。

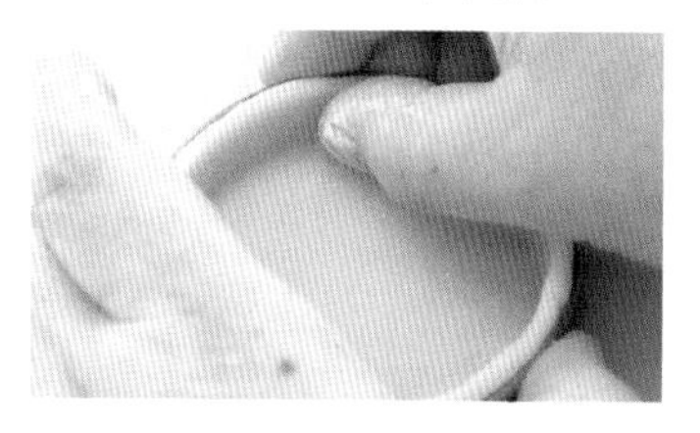

材料

1個分

冷凍大黃（切片）……………6～7片
黑糖（沖繩波照間產）……………7g

1. 動手製作之前，先用大的方形平底盤裝冰水，然後放在大理石檯面上，讓檯面降溫。尤其在夏天，這個步驟不能省略。

2. 鬆弛了一天的杏仁甜麵糰，最好能呈現質地細緻、不黏手的狀態。

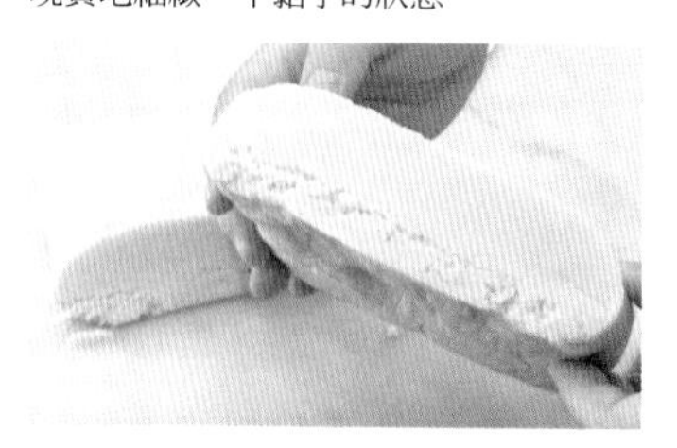

3. 用擀麵棍敲打**2**，然後用刮板切成粗塊後，整理成一個橢圓形。

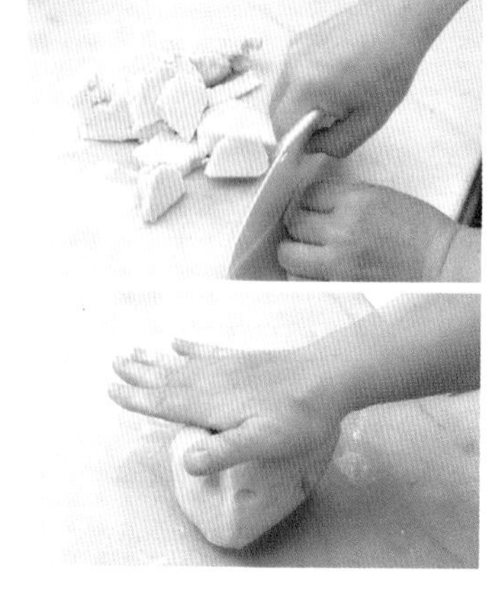

4. 沾上一點點手粉（適量），將擀麵棍放在麵糰中央，從中心往上下擀成長方形。

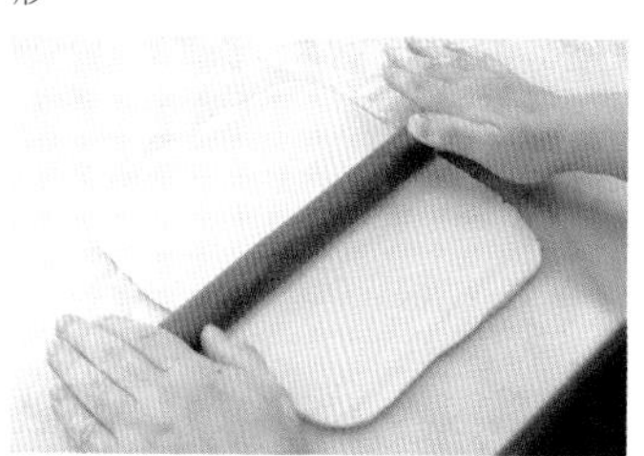

4. 在還是乾巴巴的狀態時，分5～6次放進恢復常溫的全蛋，同時攪拌均勻。

5. 待整體呈柔軟的糊狀後，再繼續一點一點把蛋放進去，同時攪拌至滑順狀態。

6. 放內格麗達萊姆酒進**5**裡面，用橡膠刮刀攪拌均勻。起初會無法融合，但慢慢就會相融而滑順了。待出現光澤就用保鮮膜封住，放在冰箱冷藏1晚。

10. 烤盤鋪上有氣孔的烤盤布，將**9**放進去，然後放進冰箱冷藏30分鐘左右。

11. 用奶油刀刮除塔台邊緣上多餘的塔皮，然後用指甲在塔皮和塔圈之間切出空隙，這樣烘烤後會比較容易脫膜。

12. 放回鋪上烤盤布的烤盤中，再次放進冰箱冷藏30分鐘左右。動作要快，不要讓奶油融化，因此要不厭其煩地放進冰箱冷藏。

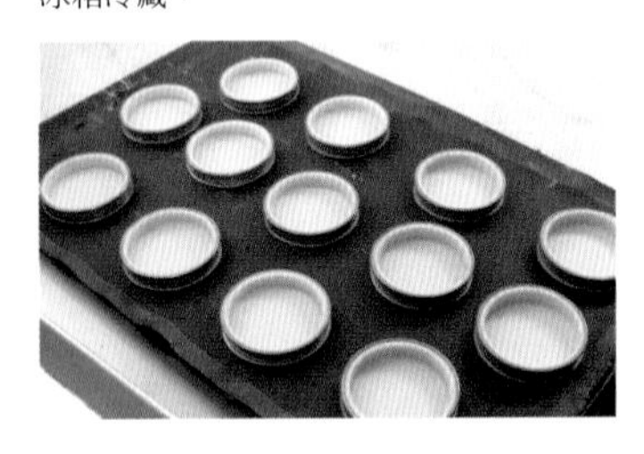

13. 擠花袋裝上14號圓形擠花嘴，再裝進內格麗達杏仁奶油餡，然後從塔圈的中心沿圓圈擠出來。

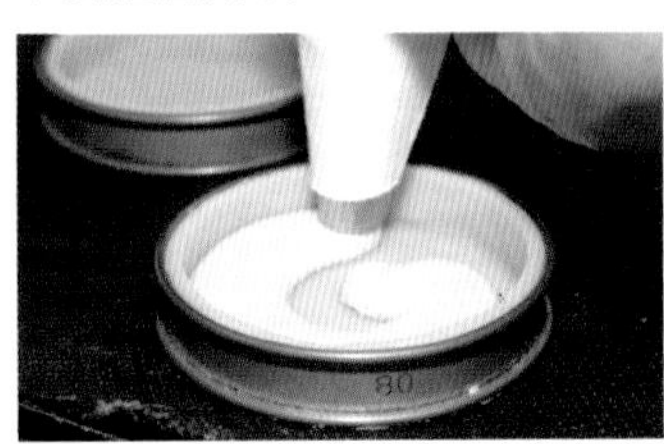

14. 將冷凍的大黃稍微埋進內格麗達杏仁奶油餡裡，整個填滿。

15. 將黑糖撒在大黃上面。

16. 放進烤箱中烘烤，上火須比較強，請設定為190℃。當塔皮開始出現焦色時，就改成180℃，約烤30分鐘左右。

17. 將塔皮確實烤到呈焦色。稍微散熱後，脫膜，放涼。

〈組合與完成〉

材料

1個分

鏡面果膠……………………………適量
糖粉（裝飾粉）……………………適量

1. 用毛刷將煮溶的鏡面果膠塗在塔上面，要確實塗進大黃之間的空隙裡。

2. 將裝飾糖粉放進茶葉濾網裡，用手指將糖粉篩在大黃上面，不要過量，要看得出大黃。

將杏仁粉摻進奶油中，讓塔皮富含杏仁的美味與芬芳

「塔這種傳統點心非常簡單易懂，所以這麼多年來大家都吃不膩。」五關嗣久主廚一語道破塔的魅力。他認為「塔的品味重點在於塔皮」，於是十分講究地做出麵粉品牌、配方、厚度等全都不一樣的各種塔皮來，據說總共超過三百種。

五關主廚的開發方式是，先決定餡料，再思考搭配的塔皮。這款「大黃塔」的餡料是具有獨特酸味的大黃，因此選用摻了杏仁粉的杏仁甜麵糰。

甜麵糰的基本配方是麵粉和奶油、砂糖的比例為二比一比一，水分（蛋）則為麵粉量的20％；但這款杏仁甜麵糰則用了66％的奶油和24％的杏仁粉。

這是為了讓塔皮的滋味更有深度，除了能品嚐到堅果的美味與發酵奶油的醇香，也能因此突顯出大黃的酸甜與清爽。

使用大黃這類會釋出水分的餡料時，如果用低筋麵粉就會飽含濕氣，無法保持塔所迷人的酥鬆口感，因此這裡使用的是中筋麵粉。

塔皮的做法是採用先軟化奶油再放麵粉這種「crémage製法」，因此口感極為綿密。重點在於將糖粉、杏仁粉、鹽巴拌勻後，放進奶油中慢慢攪拌，不要拌進空氣。「有空氣的話，烤好時會濕濕的，而且脹得蓬蓬鬆鬆不好看，所以要盡量少去攪拌它。」五關主廚說。

加蛋進去時也一樣，為了不讓多餘的空氣跑進去，所以要在完全拌勻之前停止用電動攪拌器，改用橡皮刮刀攪拌至完全乳化。

放麵粉進去後，在還是乾巴巴的狀態時就拿出來放在大理石檯面上，用刮板和手掌的下半部將麵糰推勻。

這個麵糰的水分量只有20％，不好成形，因此要用手確實揉到它不會發黏、表面出現光澤、整體很滑順為止。

不用壓麵機而用手來推揉麵糰。該店共使用了13種麵粉，如果利用壓麵機就有可能混進其他麵粉，因此這裡的麵皮完全是「純手工」製作。

因為手溫的關係，麵糰溫度會上升，而為了將麵糰保持在3到4度，工作場所和大理石檯面就要確實保持低溫，麵糰也要不厭其煩地放進冰箱冷藏，整個作業必須快速完成。

在揉麵糰之前，要先用刮板切成粗塊，再整理成橢圓形。由於冷麵糰的外側和中心的硬度不同，切開後再整理成一團才能讓整體的硬度一致。

確實烤到側面和底面都呈焦色

要擠進塔皮裡的杏仁奶油餡，是先用杏仁粉和糖粉做成杏仁糖粉，再拌進奶油裡，但不要拌進空氣。先把杏仁糖粉做出來，據說能盡快乳化成滑順狀態。

將杏仁奶油餡擠進鋪好的塔皮裡，然後將不加工的大黃直接放上去，再撒上黑糖。黑糖是沖繩波照間生產的，整塊買進後，用牛刀切成粗末。

使用粗末是為了製造出味道強弱的層次感。黑糖濃厚的甜味會滲進大黃裡，大黃的美味再滲進塔皮裡，這樣的組合令風味倍增。

最後的烘烤步驟十分重要。確實烤到塔皮與內餡的烤色能夠明顯對比出來後，就能烤出塔該有的香氣與鬆脆感了。

脫模後請觀察側面，然後把整個塔拿起來觀察底面，確認兩邊都烤出完美烤色。

Pâtisserie SOURIRE

店東兼甜點主廚　岡村 尚之

油桃薄片塔

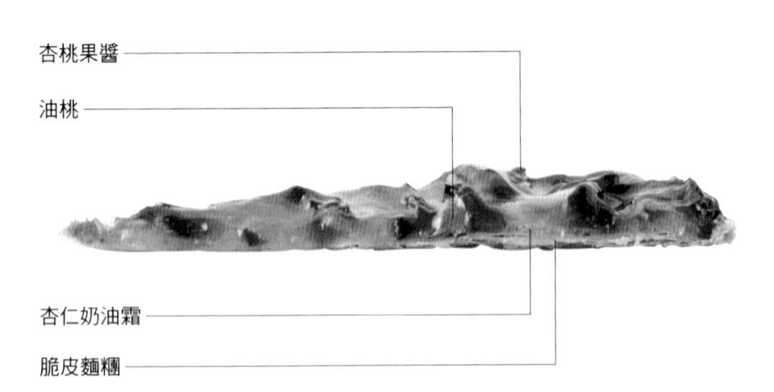

為了能充分享用只在限定期間上市並擁有獨特酸味的油桃，採用擀得薄薄的脆皮麵糰，上面放滿油桃後烘烤，且在最後階段移到烤網上面烤，因此果汁不會滲進塔皮裡。主角雖然是水果和塔皮，但中間塗了一層薄薄的杏仁奶油霜，它的濃郁和美味，與油桃的酸味和塔皮的酥脆感極搭，可以完全得到法式薄片塔才有的水果滿足感。

塔皮

為了發揮油桃的酸甜滋味與口感，將脆皮麵糰擀成厚度2.5mm。直徑30cm的塔台上均勻地薄塗一層100g的杏仁奶油霜後烘烤。

模型尺寸：無（屬於不空燒類型）

塔的千變萬化

水果塔
＊甜麵糰
→P.157

杏桃吉布斯特塔
＊脆皮麵糰
→P.172

正因為薄，塔皮與水果的口感
完全融為一體

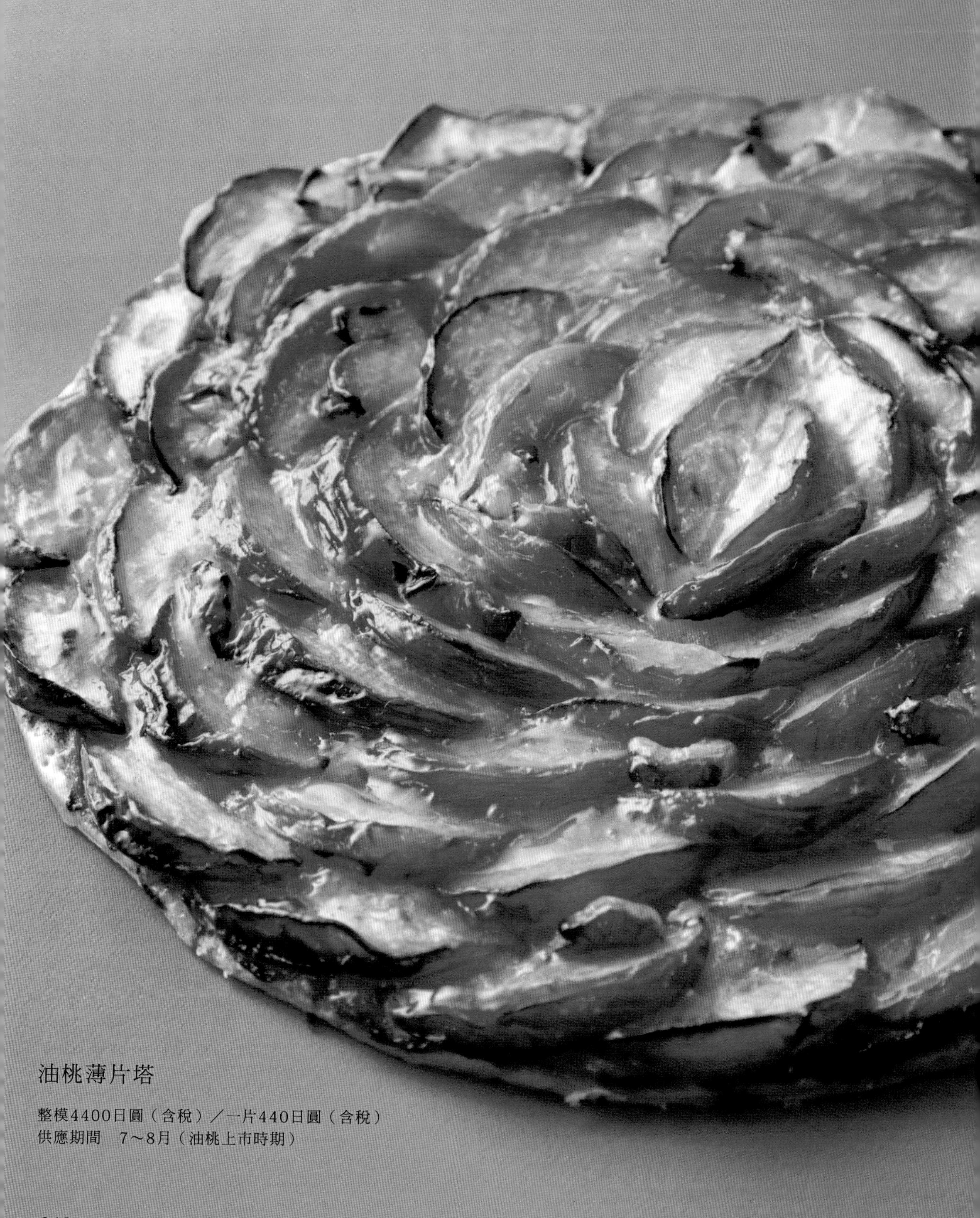

油桃薄片塔

整模4400日圓（含稅）／一片440日圓（含稅）
供應期間　7～8月（油桃上市時期）

油桃薄片塔

〈杏仁奶油霜〉

材料
備用量（每1模使用100g）

無鹽奶油……50g
糖粉……50g
全蛋……50g
杏仁粉（帶皮）……50g
卡士達奶油餡＊……50g

＊卡士達奶油餡
（備用量）
牛奶……1000g
香草豆莢……1根
蛋黃……200g
細砂糖……200g
玉米粉……40g
低筋麵粉……40g

1. 鍋中放入牛奶，用刀子縱向切開香草豆莢，刮出香草豆，連同豆莢一起放進鍋中，煮到快沸騰時熄火。
2. 蛋黃打散，放進細砂糖，用打蛋器混拌到泛白為止。
3. 依序將玉米粉、低筋麵粉放進**2**中，拌勻。
4. 將**3**放進**1**中攪拌，用細濾網過濾後，再次加熱。
5. 待鍋子的中心冒泡後，就用打蛋器一邊攪拌一邊續煮2～3分鐘。
6. 將鍋子放進冰水中急速冷卻，再用細濾網過濾。

1. 製作杏仁奶油霜。將事先過篩好的糖粉放進呈髮蠟狀的奶油中，用刮刀攪拌至滑順為止。

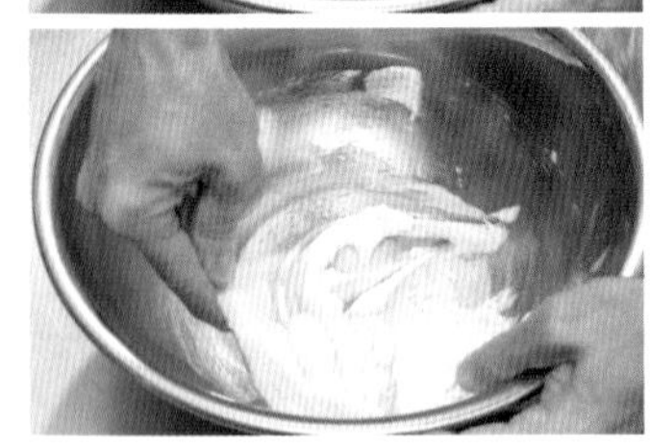

3. 蛋黃放進水裡打散，在**2**還處在鬆散狀態時將蛋汁一口氣倒進去，然後稍微調快攪拌器的速度繼續拌勻。

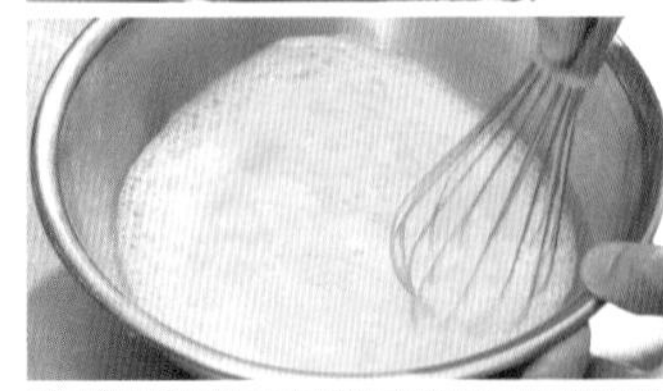

4. 用刮板將麵糰整理成團，移到鋪上塑膠布的砧板上，再整理成形。

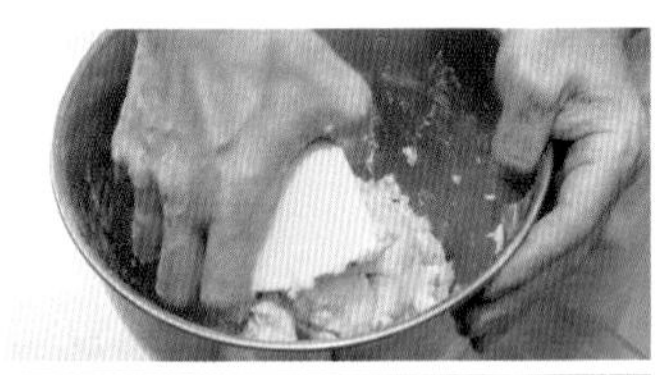

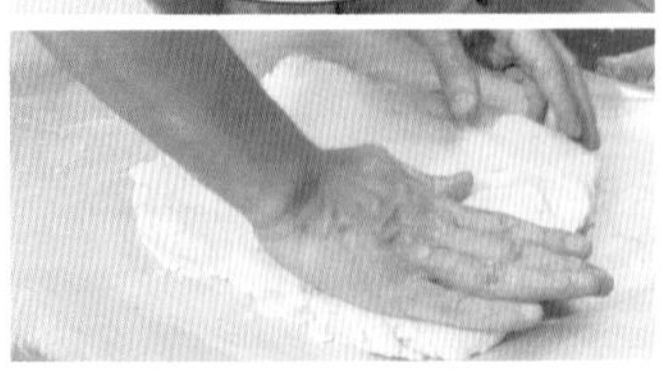

5. 用塑膠布包起來，放進冰箱冷藏1天。

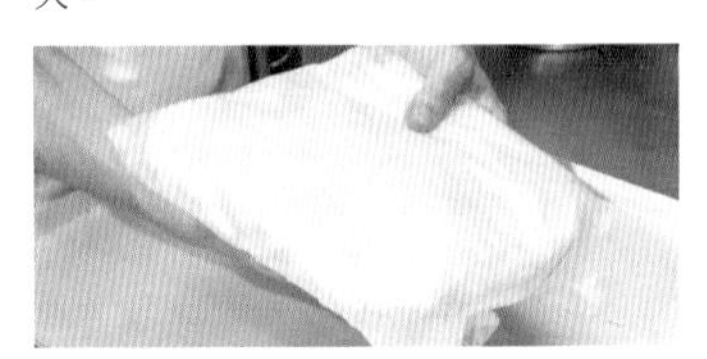

〈脆皮麵糰〉

材料
直徑30cm 2模分

低筋麵粉（日清製粉「VIOLET」）
……1500g
無鹽奶油（森永乳業）……900g
細砂糖……30g
鹽……30g
水……300g
蛋黃……4個分

1. 低筋麵粉先過篩好，奶油約切成1cm小丁狀，包含其他材料，全部放在冰箱冷藏到使用前才拿出來。

2. 低筋麵粉、奶油、細砂糖、鹽巴放進攪拌盆中，用電動攪拌器以低速攪拌。

〈鋪塔皮與烘烤〉

材料
1模分

油桃……………………………………6個
無鹽奶油……………………………適量
細砂糖………………………………適量

1. 用擀麵棍將鬆弛1天的脆皮麵糰擀成厚度2.5mm，再用戳洞滾輪戳出氣孔。

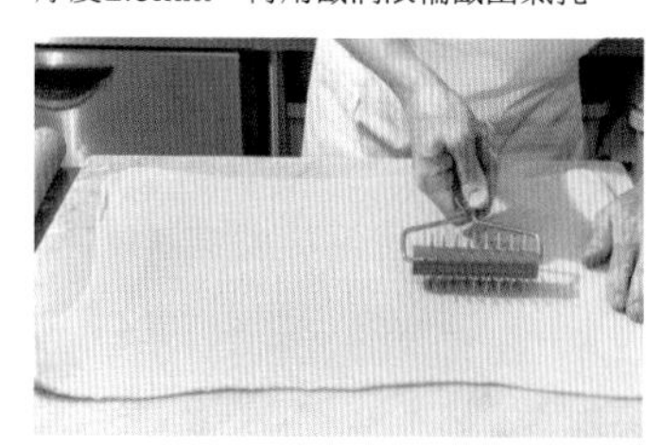

2. 用直徑30cm的塔圈割出塔皮，然後放在鋪上烘焙紙的烤盤上，放進冰箱冷藏1天。

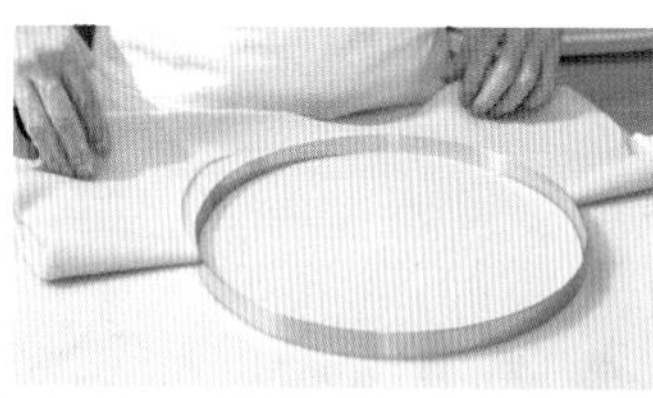

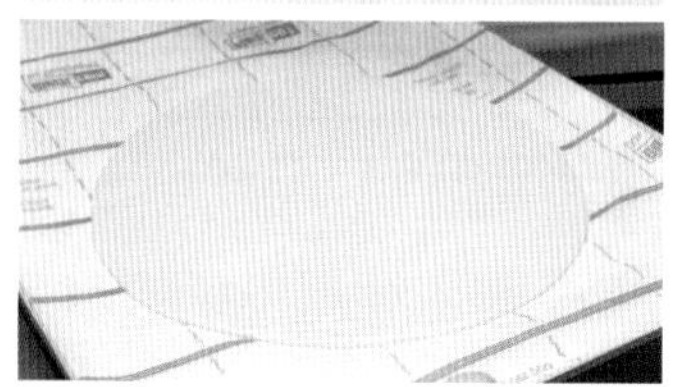

3. 用圓形擠花嘴將100g的杏仁奶油霜均勻地薄塗在**2**上面，然後用奶油刀抹勻表面。

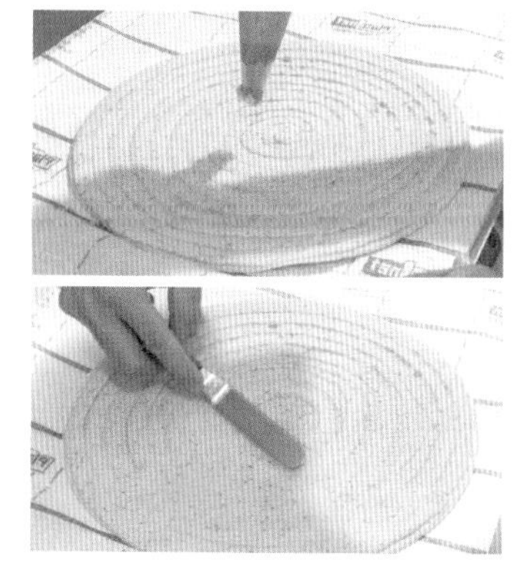

4. 將少量的**3**放進卡士達奶油餡裡，充分拌勻，再整個倒回**3**中，充分拌勻，然後放進冰箱冷藏。

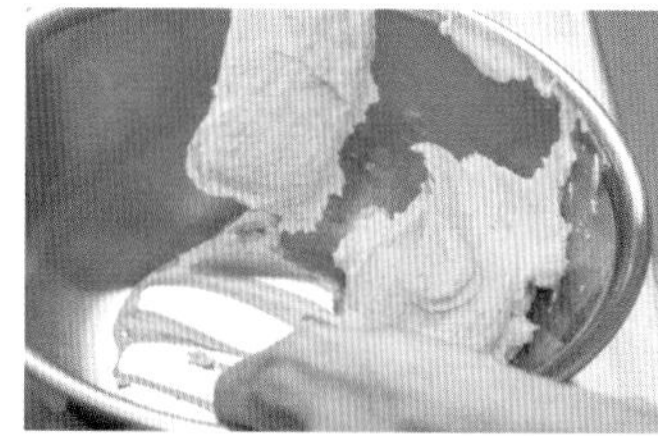

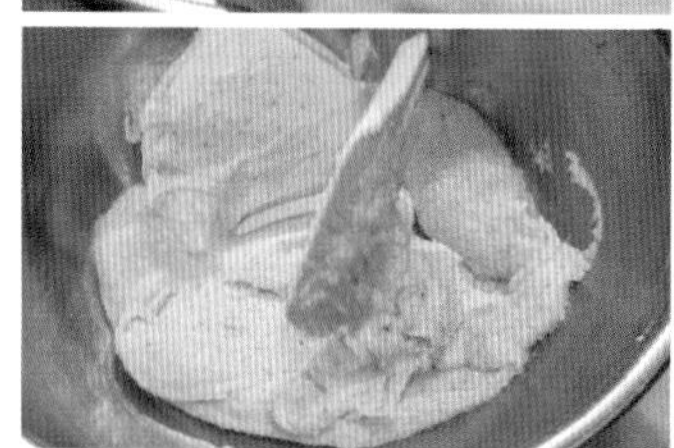

2. 先讓全蛋恢復室溫後，再打散放1/2量進入**1**中攪拌，但不要拌進空氣，再放1/2量的杏仁粉進去攪拌，同樣不要拌進空氣。

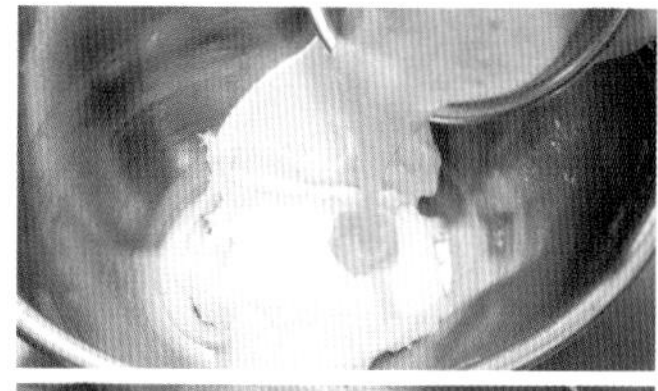

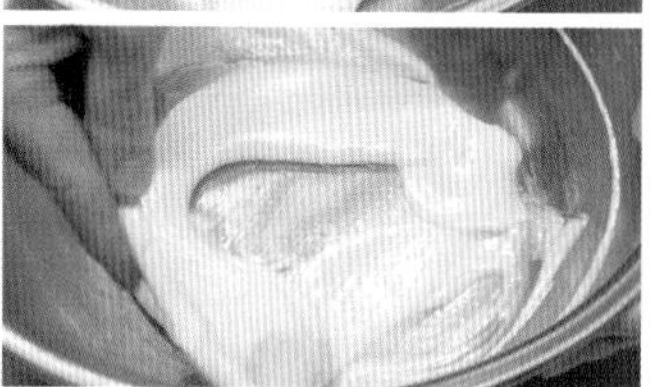

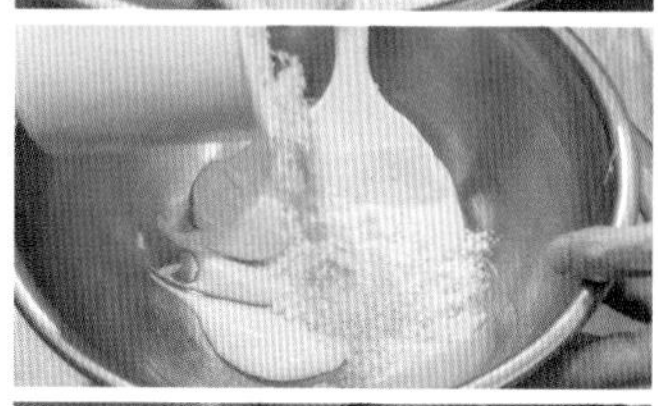

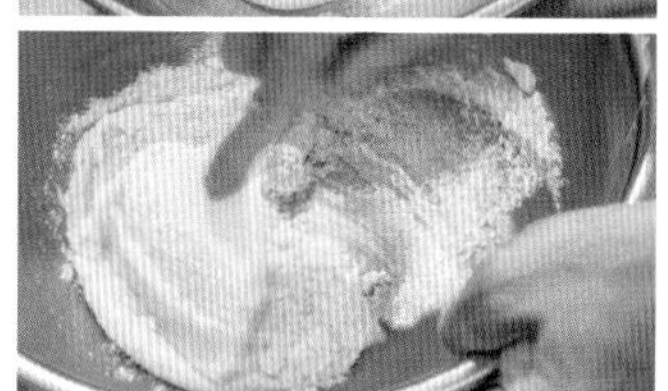

3. 將剩下的全蛋放進去攪拌，再將剩下的杏仁粉放進去攪拌均勻。重點在於一直到最後都不要打到發泡。

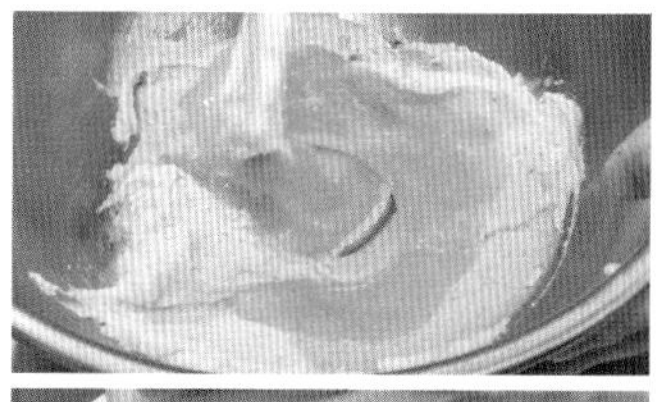

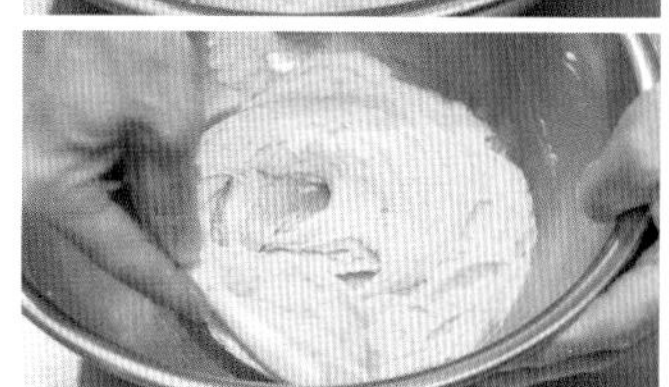

4. 油桃避開果核縱切成厚1.5cm的薄片。由外側向中心呈放射狀無間隙地排在**3**上面。

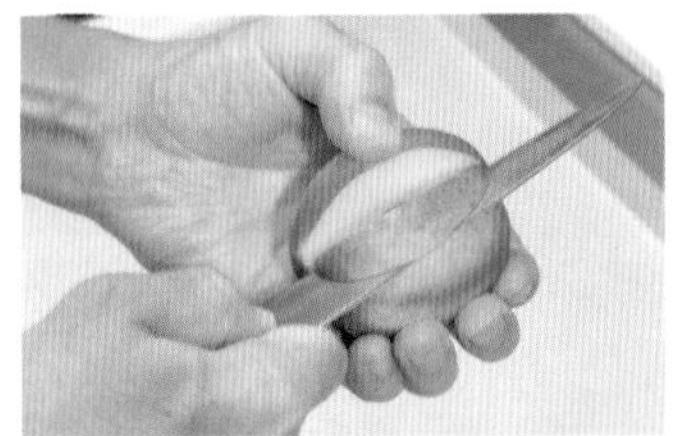

5. 油桃表面均勻地塗上髮蠟狀的奶油，再撒上細砂糖。

6. 放進170℃的對流烤箱中烤15分鐘，然後將烤盤前後對調再烤5分鐘。最後從烤盤移到烤網上再續烤10分鐘。

〈完成〉

材料

1模分

杏桃果醬……………………………適量

1. 烤好的塔表面塗上熬煮出來的杏桃果醬。

製作方法
會完全反映在塔上

「Pâtisserie SOURIRE」的商標是塔模與擀麵棍，而並非主商品就是塔，「因為塔是一種簡單的點心，投機取巧或不用心，都會在一塊塔上面反映出來。」岡村尚之主廚表示，為了提醒自己不要忘記所有甜點都要用心製作，因此選用塔模和擀麵棍作為商店的商標。

「製作點心的基本工夫都集中在一塊塔上面了，因此，不能對基本工夫掉以輕心，不論再細瑣的作業都要確實把握住要訣，仔仔細細地完成。」

岡村主廚補充表示，他最看重的就是塔的整體平衡，決定好要使用的水果後，就配合水果選用塔皮的種類，改變塔皮厚度與烘烤方式，即便是同樣的水果，也會視狀況調整塔皮和奶油餡中砂糖、奶油的用量。

「法式薄片塔」上所放的時令水果會隨季節改變，這次是選用主廚偏愛的味道酸酸甜甜的油桃。

切片時，要考量到烘焙方法以及連同水果一起吃進嘴裡的口感，即便同樣的水果，也要視果實大小而改變切片的厚度，這次是將油桃切成1.5cm厚的薄片。

殘留在果核上的果肉也要完全切下來。不浪費任何食材也是主廚的重要工作態度。

擺上塔皮時，厚度不一就會受熱不均，烤起來就不好看了，因此請從圓周的外圍起，呈放射狀仔細排列整齊。

由於烘烤後油桃會縮小，請排列緊密，不要有空隙，如果實在不能好好地疊起來，就利用從果核上切下來的果肉，加以細切後填滿空隙。

塔皮材料須全部冷藏，
最後放在烤網上烘烤

做成「法式薄片塔」的麵糰會配合水果種類改變，一般來說，大約有10％使用口感類似蛋糕且帶甜味的甜麵糰，其餘90％使用少糖且接近餅乾麵糰的脆皮麵糰，而這款「油桃薄片塔」用的就是脆皮麵糰。

這種麵糰的優點在於沙沙的口感，而這種口感是將所有材料在冰冷狀態下混合才能製造出來的，因此材料要放在冰箱冷藏，直到使用之前才拿出來，而且製作速度要快，才不會讓麵糰的溫度升高。而全部攪拌完以後，必須再放進冰箱冷藏一晚。

隔天，將麵糰放在大理石檯面上，用擀麵棍敲打後整理成形，再擀成厚度2.5mm的薄片。通常會使用壓麵機，但像這次這樣用擀麵棍來擀的話，就要施力一致且反覆橫向、縱向90度地來回擀勻。

割出直徑30cm的塔皮。尺寸雖大，但在店裡是切成十等分販售的，因此這個大小剛剛好。

接著將塔皮放在鋪好烘焙紙的烤盤上，再放進冰箱冷藏一晚。如此讓塔皮充分鬆弛後，就能烤出預期的口感了。

如果直接將油桃放在塔皮上烤，烘烤時釋出的果汁會把塔皮弄濕，因此要先在塔皮上薄塗一層杏仁奶油霜。

用圓形擠花嘴仔細在塔皮上擠出螺旋狀，然後直接放上水果也是很漂亮，不過，「這樣也可以啦，但我想把它抹得更均勻光滑。」岡村主廚用奶油刀將表面抹平，這個動作傳達出他那「任何作業都不能偷工減料」的認真態度。

如同前述，將油桃片排在杏仁奶油霜上面，放在１７０度的烤箱中烘烤15分鐘，然後將烤盤的前後對調，再放進烤箱烤5分鐘。之後，將塔從烤盤移到烤網上，再烤10分鐘。水果或多或少都有果汁，烤的時候一定會溢出來，將塔移到烤網上烤，就能防止果汁跑進塔皮裡，也能從底面確認烘烤狀況（請參考P.22圖6）。

Pâtisserie Française Archaïque

店東兼甜點主廚　**高野 幸一**

果仁糖塔

塔的千變萬化

無花果塔
＊甜麵糰
→P.160

熔岩巧克力塔
＊甜麵糰
→P.162

什錦果仁塔
＊甜麵糰
→P.166

杏仁塔
＊甜麵糰
→P.167

林茲塔
＊林茲麵糊
→P.176

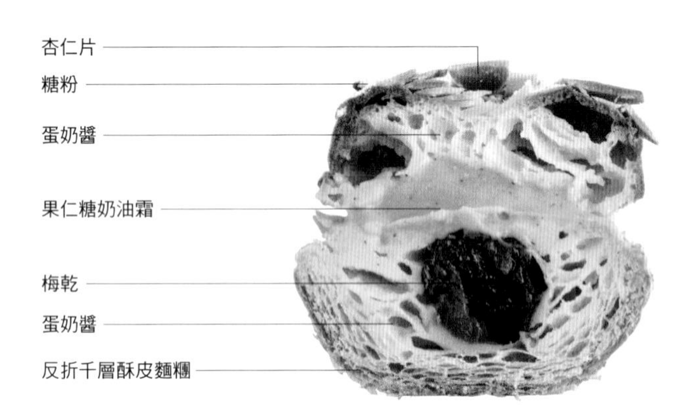

傳統的法式甜點「新橋塔」，是將融合卡士達奶油餡和泡芙麵糊而口感酥軟的蛋奶醬擠在千層酥皮麵糰上烘烤而成，而這款「果仁糖塔」就是改良自「新橋塔」，充滿了高野主廚的個人風格。為了讓上半部膨脹得鬆鬆軟軟，烤到一半時要用刀子切開麵糰與蛋奶醬，烤好後再把上半部切開，擠進果仁糖奶油霜。蛋奶醬中藏著一顆梅乾，剛剛好的酸味和杏仁超搭。

塔皮

厚度2.5mm的反折千層酥皮麵糰。這種用奶油包住麵糰後再反折起來的塔皮，和一般塔皮比起來，每一層更薄，更能吃出沙沙的口感。

模型尺寸：底面直徑4.5cm、上面直徑7cm×高2cm

在「新橋塔」上
增添果仁的濃郁

果仁糖塔

320日圓（含稅）
供應期間　全年

〈反折千層酥皮麵糰〉

材料

1個麵糰分

千層酥皮麵糰

- 牛奶……250g
- 水……250g
- 鹽……25g
- 細砂糖……15g
- 高筋麵粉（江別製粉「香麥」）……400g
- 中高筋麵粉（江別製粉「煉瓦」）……500g
- 全麥麵粉（熊本製粉「石臼研磨國產全麥麵粉CJ-15」）……100g
- 發酵奶油（四葉乳業）……100g

奶油麵糰

- 發酵奶油（四葉乳業）……450g
- 無鹽奶油（四葉乳業）……450g
- 中高筋麵粉（江別製粉「煉瓦」）……300g

1. 牛奶、水、鹽巴、細砂糖都放在冰箱冷藏，直到要用才拿出來。麵粉預先過篩混合好，冬天就直接放著，夏天必須放進有冷氣的房間裡（約18℃）。

2. 水、鹽巴、細砂糖放進牛奶中，用打蛋器攪拌，再倒進攪拌盆中。

3. 用麵糰勾以低速轉動，同時放進麵粉攪拌。

4. 將奶油溶化至約為人體溫度（約36℃）後，在麵糰快要成團之前放進去，攪拌到Q彈、用手指按下去會恢復原狀的狀態。

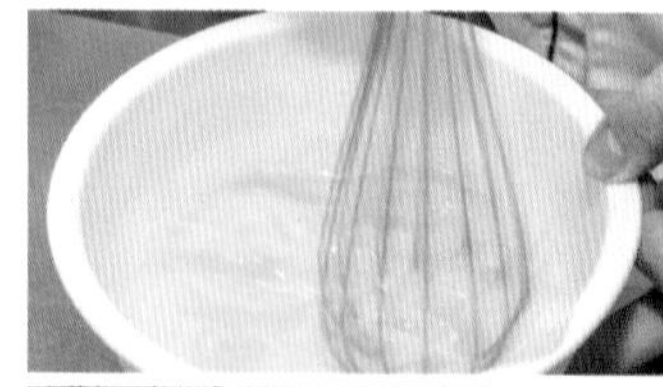

5. 將麵糰移到大理石檯上，整理整形，用塑膠袋包起來，放在室溫鬆弛10分鐘。

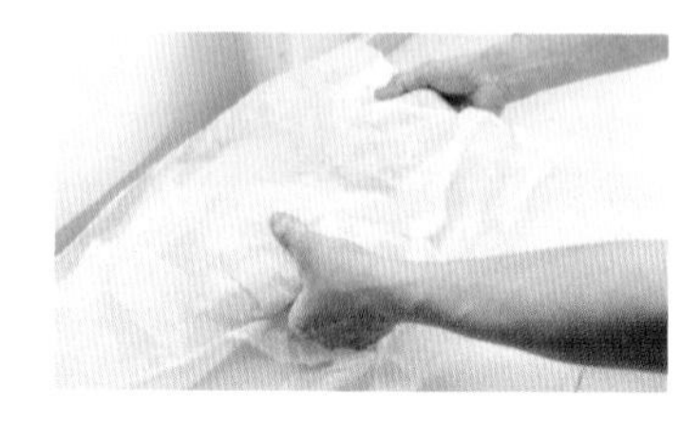

6. 用手將麵糰整理成四方形，用塑膠袋包起來，放在室溫鬆弛10分鐘。

7. 再次，用手輕輕整形，用塑膠袋包起來，放在室溫鬆弛10分鐘。如此反覆，是讓麵糰保持在最佳狀態的訣竅。

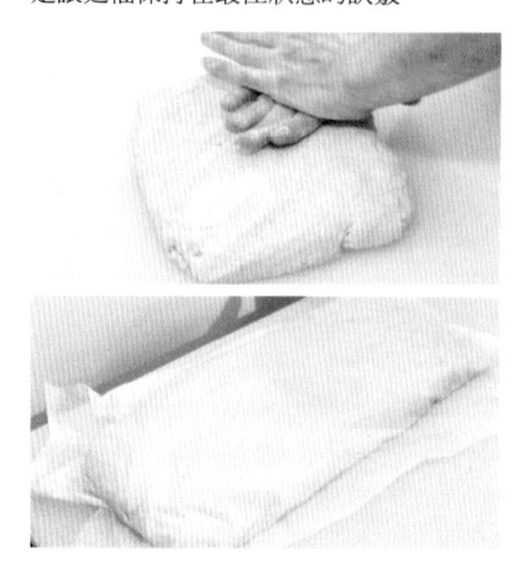

8. 利用頻頻鬆弛麵糰的空檔來製作奶油麵糰。務必先將兩種奶油和麵粉放在冰箱冷藏。拿出來以後，用擀麵棍敲打奶油，讓硬度一致後，再放進攪拌盆裡。

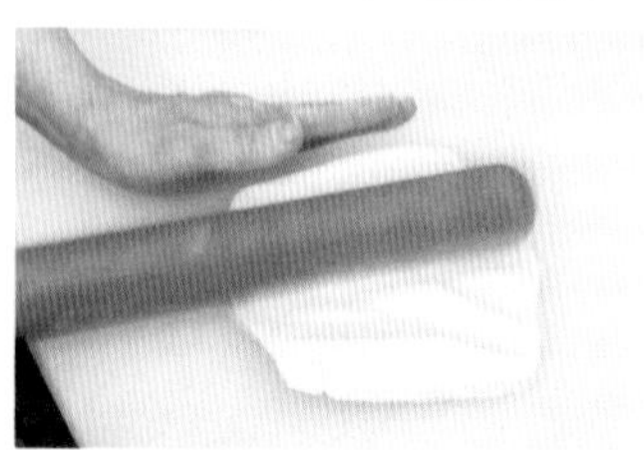
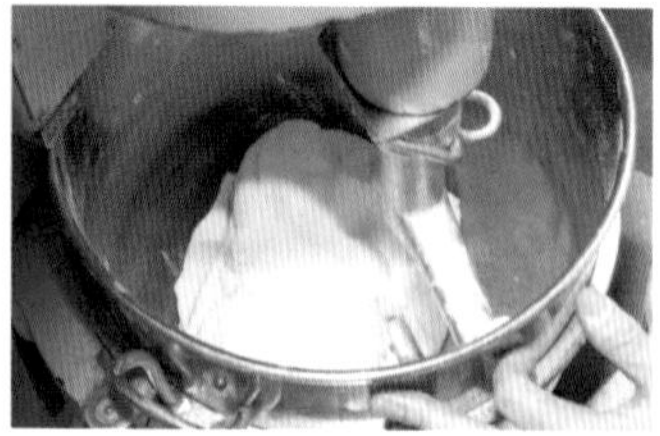

9. 放進1/3量的麵粉，用麵糰勾以低速攪拌。待麵粉融合後，再倒進剩下的量，繼續攪拌，等到又融合得差不多了，就稍微加快攪拌速度。攪拌到麵糰不會發黏、不會黏在攪拌盆上的狀態最為理想，夏天的話，不妨將攪拌盆和麵糰勾都先冰起來。

10. 取出麵糰放在工作檯上，整理成完整的橢圓形後，再以擀麵棍整理成四方形。用塑膠袋包起來，放進冰箱冷藏1小時以上。

11. 用壓麵機將**10**的奶油麵糰壓成長30cm、寬90cm，將**7**的千層酥皮麵糰壓成長30cm、寬60cm。

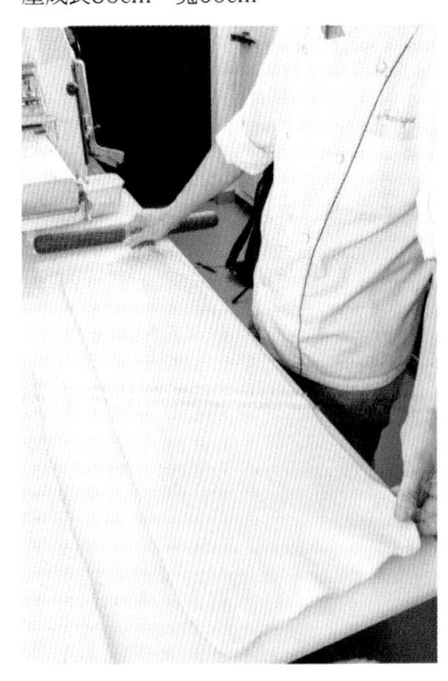

12. 將千層酥皮麵糰放在奶油麵糰上面，右端對齊，然後從左端折向中間，接著面用擀麵棍輕輕壓實。

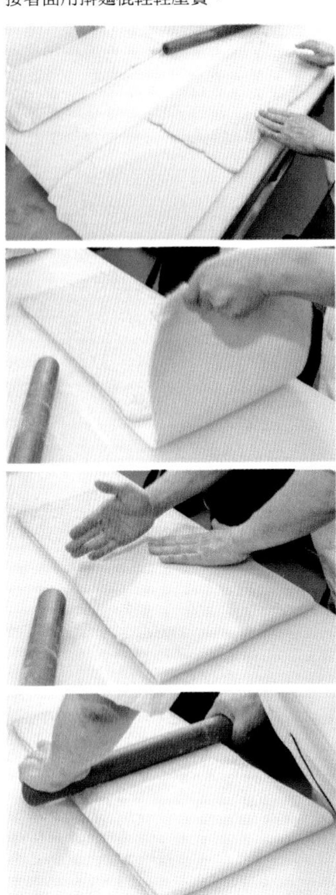

13. 再對折一次，形成奶油麵糰、千層酥皮麵糰、奶油麵糰、千層酥皮麵糰、奶油麵糰，共五層。用塑膠袋包起來，放在冰箱冷藏使之變硬（約2小時）。

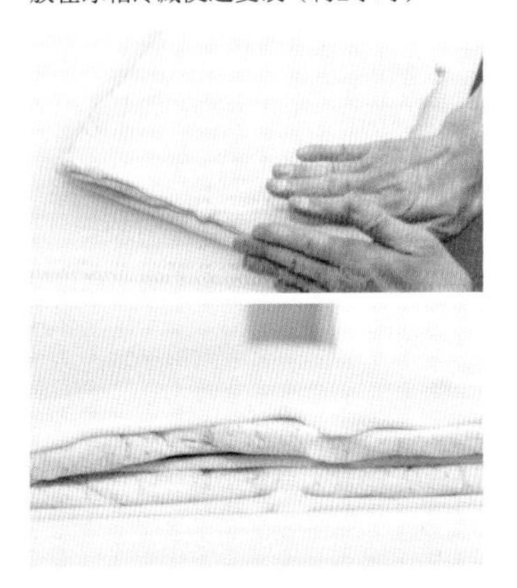

14. 用擀麵棍整理形狀，放進壓麵機後，再折成三折。

15. 將麵糰轉九十度，用壓麵機壓成厚度7mm。從麵糰左端在約長度的1/4處折向中間，用擀麵棍輕輕壓實接著面。再從麵糰的右端以接著面的邊緣為折線折向中間，並以擀麵棍輕輕壓實接著面。最後讓接著面在內側，從左端向右對折，這樣就完成四層了。這種折法，會比左右對折式的四折折法更容易折得平整，做出漂亮的折層。用塑膠袋包起來，放在冰箱冷藏1～2小時。

16. 將**15**的麵糰轉九十度，用壓麵機壓平，然後折三折。再次將麵糰轉九十度，用壓麵機壓平，折三折（總共折2次三折）。用塑膠袋包起來，放在冰箱冷藏1晚。

〈蛋奶醬〉

材料
100個分

卡士達奶油餡＊1……………1500g
泡芙麵糊＊2…………………3000g

＊泡芙麵糊放久了會膨脹不起來，因此請在使用之前再製作。

1. 製作蛋奶醬。用刮刀攪軟卡士達奶油餡後，再把泡芙麵糊放進去，充分拌勻。

＊1
卡士達奶油餡
備用量

牛奶……………………………1000g
香草豆莢（大溪地產）………1/2根
蛋黃……………………………200g
細砂糖…………………………250g
中高筋麵粉（江別製粉「煉瓦」）
…………………………………100g
無鹽奶油（四葉乳業）………100g

1. 鍋中放入牛奶，縱向切開香草豆莢，刮出香草豆，連同豆莢一起放進鍋中，煮到快沸騰時熄火。

2. 蛋黃和細砂糖放進鋼盆中，用打蛋器混拌到泛白為止。

3. 將預先過篩好的麵粉全部倒進**2**中，用打蛋器打到不見粉狀為止。

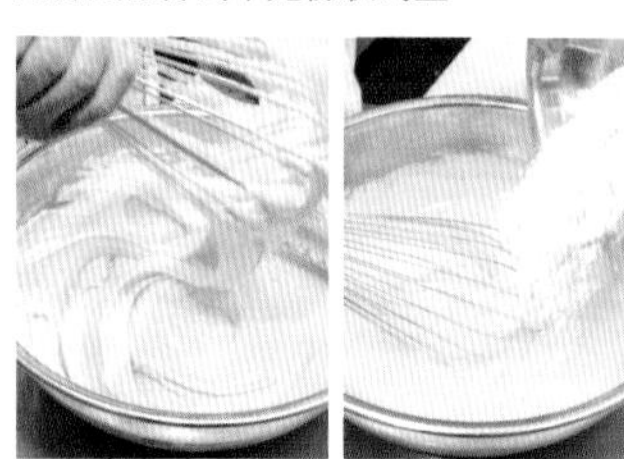

4. 將2/3量的**1**（含香草豆莢）倒進**3**中攪拌，再過濾倒回**1**中，再次加熱。

5. 用打蛋器一邊施力均等地強力攪拌，一邊用大火加熱。待奶油餡變得細緻均勻、呈光滑狀態後就熄火，放進奶油，讓它完全溶化。

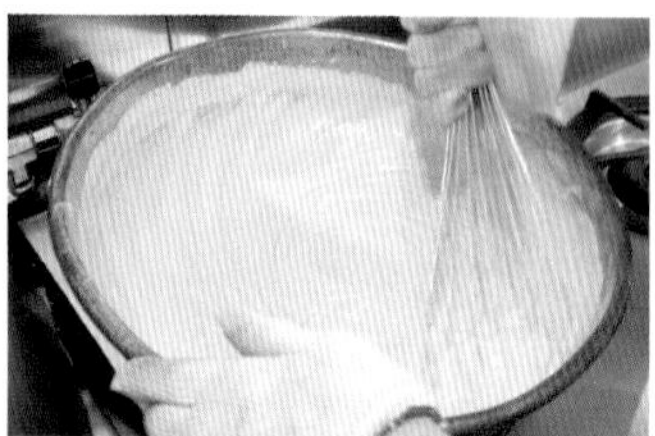

3. 待麵糰形成可以從鍋子整個剝下來的團狀後，就移到攪拌盆裡，用攪拌鏟以低速轉動30秒左右，再讓麵糰稍微降溫。

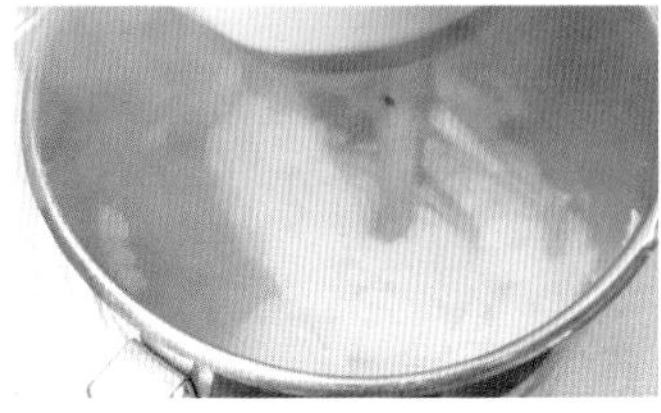

4. 將蛋分4～5次放進去，同時攪拌到出現光澤、用攪拌鏟刮起來會呈倒三角形下垂的狀態即可，如果這時候蛋還有剩餘，就不必放進去了。

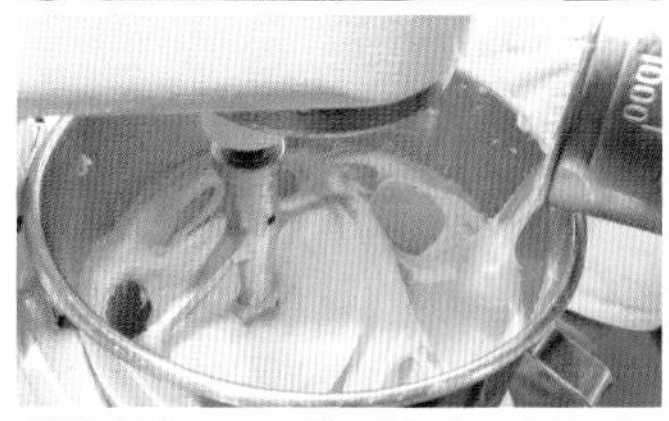

＊2

泡芙麵糊

備用量

A
- 水……500g
- 牛奶……500g
- 鹽……10g
- 細砂糖……10g

無鹽奶油（四葉乳業）……450g
中高筋麵粉（江別製粉「煉瓦」）……600g
全蛋……900g～1000g

1. 將A放進鍋中，以大火沸騰。放進奶油攪拌，沸騰後熄火。

2. 將預先過篩好的麵粉一口氣倒進去，用木匙攪拌到看不見粉粒後，再度加熱，且從鍋底翻攪、拌勻。

6. 移到方形平底盤上，表面以保鮮膜密封住，急速冷凍。

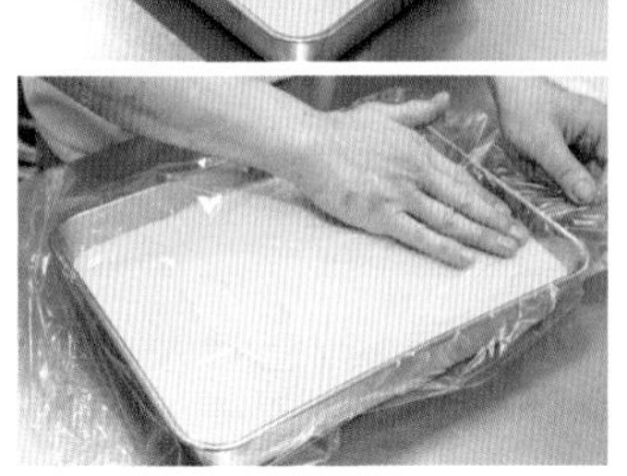

〈鋪塔皮與烘烤〉

材料

1個分

梅乾（半乾燥）…………………1/2個
杏仁片……………………………適量

1. 鬆弛1天的反折千層酥皮麵糰用壓麵機壓成厚度2.5mm，再用戳洞滾輪戳出氣孔，放在室溫18℃的房間裡1小時。

2. 用直徑8cm的模型割出塔皮，鋪在均勻地薄撒一層高筋麵粉（適量）的半球型（底面直徑4.5cm，上面直徑7cm×高2cm）塔模上，壓實，不讓空氣跑進去。

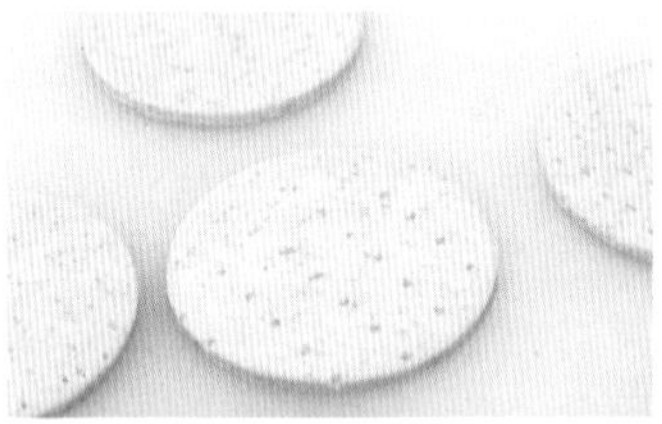

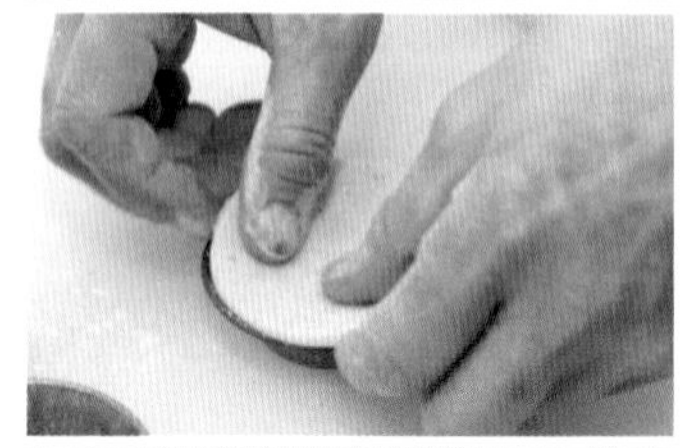

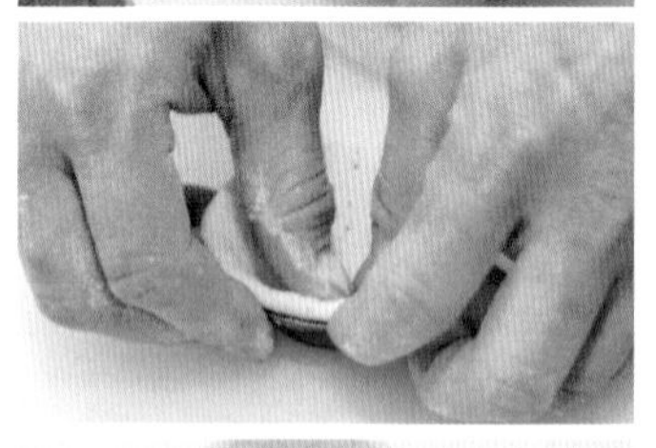

3. 梅乾對切，一個塔放進半個梅乾，再擠上45g的蛋奶醬，表面撒上杏仁片，放進上下火皆為200℃的烤箱烤20～25分鐘。

4. 待表面膨脹後，在塔模邊緣高度處、麵糰與蛋奶醬之間切進一刀，這樣能讓麵糰膨脹得更漂亮。再次放進上火180℃、下火200℃的烤箱中烤30分鐘。

〈組合與完成〉

材料

30個分

果仁糖奶油霜
- 卡士達奶油餡（→參考P.28「蛋奶醬」）…………500g
- 杏仁糖…………………………100g
- 杏仁利口酒……………………50g

防潮糖粉…………………………適量

1. 將烤好的塔脫模，稍微散熱。

2. 攪軟卡士達奶油餡，再把杏仁糖放進去，攪拌均勻，然後以杏仁利口酒增添風味。

3. 切開上半部膨脹的部分。下半部裡面的塔皮如果太厚就切掉一點，擠進果仁糖奶油霜，再把上半部蓋回去。撒上糖粉即成。

調和千層酥皮麵糰與蛋奶醬的不同口感

16到17世紀間，法國塞納河上架起了一座橋，取名為「新橋」，顧名思義就是一座新建的橋，但它是巴黎現存最古老的橋，而傳說這座橋搭起時，「新橋塔」於焉誕生。

據說今日在法國已經不太製作「新橋塔」了，反而常出現在日本的甜點坊，似乎不少甜點師傅都有如此想法「想介紹更多法國的傳統糕點和地方性甜點。」

「新橋塔」的特色在於蛋奶醬中放進卡士達奶油餡和泡芙麵糊。

泡芙麵糊做好後久放會膨脹不起來，因此務必使用之前再製作。有些配方的比例是一比一，但是，「卡士達奶油餡太多的話，口感就會像外郎糕＊了。」高野主廚這麼認為，於是把比例改成卡士達奶油餡比泡芙麵糊為一比二。而因為放進了泡芙麵糊，烤好後膨脹起來會產生空洞。

「有位在酒吧吃到『新橋塔』的老顧客開玩笑說：『這個不行啦，裡面有空洞！』於是我就想做出改良版的新橋塔，就是裡面放進和塔皮極搭的杏仁奶油霜。」就這樣，這款「果仁糖塔」誕生了。

填進空洞部分的是，混合了杏仁糖與卡士達奶油餡，且添加了杏仁利口酒而滋味濃郁又豐富的奶油霜。不僅如此，最上面還撒上大量的杏仁片，烘烤後杏仁香氣奪人。

頻頻讓麵糰鬆弛，以獨特折法製作塔皮

塔台為千層酥皮麵糰，但特別的是採用反折麵糰，會比一般千層麵糰的薄層更薄，入口即化，而且高野主廚還在折法上加進了個人巧思。

起初是用奶油麵糰包住千層酥皮麵糰，放進冰箱冷藏，再用壓麵機壓出來，折三折。然後將麵糰換個方向，再過一次壓麵機，折四折。一般的四折折法是將麵糰的左右兩端朝中間折進來後再對折；但高野主廚的折法是，將麵糰的左端在約長度四分之一處朝中間折進來，用擀麵棍壓實接著面；然後以接著面的邊緣為折線，將麵糰右端折向中間，再以接著面為內側對折回去。這種折法會讓千層酥皮的層次更平整漂亮。

千層酥皮麵糰中放進了熊本製粉的全麥麵粉。這個品牌的麵粉是將日本國產小麥以石臼磨製而成，能吃到全麥麵粉特有的怡人口感。

「Archaïque」的廚房空調設在24到25度，但有些房間是維持在18度，鋪完塔皮後就會放在這個房間鬆弛1小時。

製作千層酥皮麵糰時也一樣，每次在將麵糰整理成形這種重要時刻，都必定放在室溫鬆弛10分鐘。因為直接冷藏的話，麵糰中的油脂會凝縮，麵糰就會變硬，因此必須不厭其煩地放在室溫鬆弛以保持最佳狀態。

對於「喜歡烘焙製成的甜點」的高野主廚而言，塔是不可或缺的，因此店內的展示櫃裡，三分之一全是派塔甜點，而小糕點方面，比起使用海綿蛋糕，也是使用塔台的產品比較多。

高野主廚表示，製作塔台最重要的工程在於烘焙，也就是要將水分烘乾得宜。如果烤到出現苦味就沒意思了，而是要將塔皮與奶油的風味烘烤出來。

不論空燒塔皮，或是烘烤已經放入奶油餡和慕斯的塔，水分的流動方式並不一樣，因此烘焙方式必須隨機改變。

＊外郎糕：米粉拌入水和砂糖等，蒸熟後放涼食用的糕點。

PATISSERIE FRANÇAISE
Un Petit Paquet

店東兼甜點主廚　及川 太平

香蕉椰絲塔

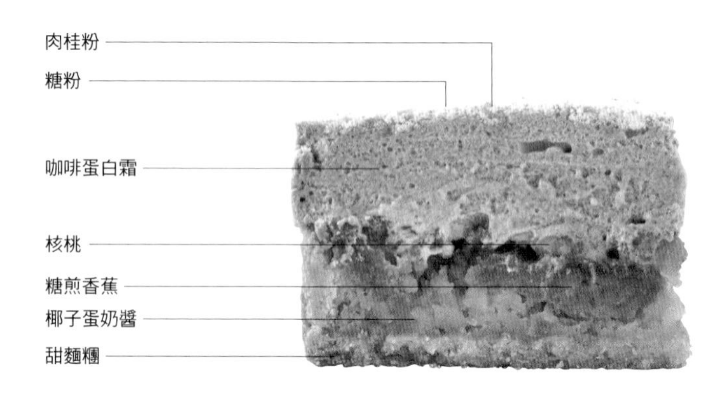

由於風味極搭，及川太平主廚經常使用椰子搭配香蕉。這款「香蕉椰絲塔」，就是在甜麵糰裡，倒進以椰子為基底又添加萊姆酒風味、質地濃郁的蛋奶醬，再放上糖煎香蕉烘焙而成；接下來上面還放了咖啡風味的蛋白霜，撒上糖粉後再次烘烤。爽口的甜麵糰和萊姆酒香，將這些調和好的南洋風素材完美襯托出來了。

塔的千變萬化

草莓塔
＊甜麵糰
→P.157

生起司塔
＊甜麵糰
→P.165

吉布斯特塔
＊甜麵糰
→P.166

格勒諾布爾塔
＊甜麵糰
→P.166

塔皮

考量到要支撐蛋奶醬，還有與其他餡料的搭配性、口感、能否確實品嚐到塔皮滋味等種種因素，將甜麵糰擀成厚度3mm。

模型尺寸：直徑18cm×高2cm

椰子、萊姆酒、咖啡香四溢
猶如南國太陽般的塔

香蕉椰絲塔

3200日圓（未稅）
供應期間　不定期

香蕉椰絲塔

甜麵糰

◆直徑18cm×高2cm的空心模 2模分

發酵奶油（明治乳業）……270g
香草糖……5g
糖粉……170g
全蛋……90g
杏仁粉……60g
低筋麵粉（日清製粉「VIOLET」）……450g

1. 奶油攪軟後，放進香草糖和糖粉，拌勻。
2. 將打散的蛋汁一點一點加進去，同時攪拌。
3. 放進杏仁粉，再放進低筋麵粉，拌勻到沒有粉狀。
4. 用刮板將麵糰整理得均勻平整，然後用塑膠袋包起來放進冰箱冷藏1晚。

椰子蛋奶醬

◆2模分

全蛋……170g
細砂糖……200g
杏仁粉……100g
玉米粉……10g
發酵奶油（明治乳業）……80g
椰子絲……100g
43%鮮奶油……65g
黑萊姆酒（NEGRITA）……55g
卡士達奶油餡*……350g

*卡士達奶油餡
（備用量）
牛奶……1000g
蛋黃……240g
細砂糖……250g
玉米粉……40g
鮮奶油粉……80g
無鹽奶油（明治乳業）……60g

1. 鍋中放入牛奶，煮到沸騰之前熄火。
2. 鋼盆中放入蛋黃和細砂糖，用打蛋器打到泛白為止。
3. 將玉米粉和鮮奶油全部倒進去，用打蛋器打到沒有粉狀為止。
4. 將**1**放進**3**中攪拌，再倒回**1**的鍋中，再次加熱。
5. 用打蛋器一邊施力均等地用力混拌，一邊以大火加熱。待奶油餡變得細緻光滑後熄火，放進奶油，攪拌均勻。
6. 倒進方形平底盤中，用保鮮膜封住，急速冷凍。

1. 製作椰子蛋奶醬。將全蛋、細砂糖混拌均勻。
2. 放入杏仁粉和玉米粉，拌勻。
3. 放入回軟但未融化的發酵奶油，拌勻，不要拌進空氣。
4. 放入椰子絲，攪拌但不要打發。
5. 放入鮮奶油，拌勻，加進萊姆酒增添風味。
6. 用刮刀將卡士達奶油餡攪軟後，和**5**混合，放進冰箱冷藏1小時使之收緊。

糖煎香蕉

◆1模分

完全成熟的香蕉（厄瓜多產）……3根
細砂糖……適量
無鹽奶油（明治乳業）……適量
黑萊姆酒（NEGRITA）……適量

1. 香蕉切成1.5～2cm的薄片。
2. 鍋中放入細砂糖和奶油，加熱煮成薄焦糖，用來嫩煎**1**。待香蕉裡面都熱了，就淋上萊姆酒，再倒進盤子裡放涼。

咖啡蛋白霜

◆1模分

細砂糖……200g
水……50g
蛋白……100g
咖啡精（TRABLIT）……適量

1. 細砂糖和水加熱到120℃，做成糖漿。
2. 將**1**一點一點倒進蛋白中，同時打到發泡，做成蛋白霜。加進咖啡精增添風味。

鋪塔皮與烘焙

核桃……適量

1. 將鬆弛1晚的甜麵糰用壓麵機壓成厚度3mm後，以戳洞滾輪戳出氣孔。放在直徑18cm×高2cm的空心模上，再用奶油刀割出比塔模外圈約大3cm的塔皮，然後鋪進塔模內，確實壓實，不要讓空氣跑進去。放進冰箱冷藏。
2. 用奶油刀將**1**塔模上面多餘的塔皮切掉。將椰子蛋奶醬倒進模型至8分滿，然後將糖煎香蕉平均地埋進醬汁裡，再均勻撒上核桃粗粒。
3. 放進上火200℃、下火160℃的烤箱中烤40分鐘。過程中必須不斷確認烘焙狀況來調節溫度。

組合與完成

杏仁片……適量
純糖粉……適量
肉桂粉……適量

1. 將烤好的塔台脫模，放涼。待稍微放涼後，上面疊一個同樣大小的空心模，然後將咖啡蛋白霜放滿整個塔模，用奶油刀抹平表面，然後脫模。
2. 表面撒上糖粉，放在170℃的烤箱中約烤1分30秒。
3. 稍微散熱後，用杏仁片一一刺進上面的周圍，排滿一圈，然後撒上肉桂粉。

充分運用水果與堅果的滋味與香氣

及川太平主廚說：「塔很有意思。」理由是：「水果和堅果的味道可以直接表現出來。」當中，及川主廚最愛用的就是香蕉與椰子的組合，也常運用在慕斯上。

這款「香蕉椰絲塔」的蛋奶醬，是先將全蛋、杏仁粉、發酵奶油、乳脂成分高達43％的鮮奶油和椰子絲等混合後，再以萊姆酒增添風味，然後加上卡士達奶油餡，讓質地更濃郁，香氣更豐富。混合材料時，如果打到發泡，烘烤後會膨脹起來，然後膨脹的部分又會凹陷下去，因此攪拌時不要打發。

將蛋奶醬倒進甜麵糰中，然後把糖煎香蕉埋進去。使用厄瓜多生產而且全熟的香蕉。如果香蕉還不夠成熟，嫩煎後裡面還是會偏硬而不好吃。將香蕉切成1.5到2㎜的薄片，然後用加熱的細砂糖和奶油嫩煎。

及川主廚表示：「重要的是要讓香蕉內部都加熱到。即使是完全成熟的香蕉，如果沒煎好，裡面還是會硬硬的，那麼冰冰吃的時候就會吃到硬硬的感覺而不好吃了。」可見他連細微的口感都不放過。煎好後淋上萊姆酒，再移到盤子裡放涼。

糖煎香蕉上會撒一點核桃粗粒再烘烤。蛋奶醬和糖煎香蕉中，都有些微的萊姆酒香，讓堅果與水果的滋味更平衡，而加進了核桃的口感後，椰子與香蕉就更搭了。

到這裡，「香蕉椰絲塔」可以算是完成了，不過，「如果只有這樣就不好玩了，我還想要讓味道、香氣和口感都更有深度。」於是及川主廚在上面加了一層咖啡風味的蛋白霜。

一邊放進加熱到120度的糖漿，一邊確實將蛋白打發，做成偏硬的義式蛋白霜，再用咖啡精增添風味。

在烤好的塔台上疊一個同尺寸的空心模，再將蛋白霜滿滿裝進去。拿掉塔模，在表面撒上純糖粉，然後放進170度的烤箱烤1分30秒。高溫烘焙的話，蛋白霜會爆炸，因此請隨時注意烘焙狀況，適時調低溫度、縮短時間，迅速烤到凝固。表面的糖粉焦焦脆脆的，對比蛋白霜的滑順，美味無比。

椰子和香蕉，與同樣是南國產物的咖啡極搭，能互相襯托得更味美。

堅持塔皮一律要維持在厚度3㎜

「因為吃起來最爽口，所以我最喜歡甜麵糰了。」及川主廚相當讚賞甜麵糰的口感。他在麵糰裡使用了香氣和味道都很棒的發酵奶油，並且加進了杏仁粉，讓風味更多樣。

「塔皮不只是個容器而已，它是構成甜點的重要部分，所以我很注重它的口感和風味。」及川主廚將塔皮擀成厚度3㎜，然後均勻地鋪進空心模裡。

混合好材料並整理成形的麵糰，為了穩定它的彈性，同時也為了在擀麵時不讓油脂滲出，必須放在冰箱冷藏一晚。

用擀麵棍將麵糰擀成厚度3㎜後，必須戳洞以避免加熱後膨脹。將塔模放在麵糰上，割出比塔模外圍大3㎝左右的塔皮，然後鋪進塔模裡，放進冰箱冷藏。這是為了在切掉超出塔模的多餘塔皮時，如果塔皮太軟就無法切得漂亮，因此要將塔皮冰到變硬為止。

「切掉多餘塔皮後的切口，也要全部整理成3㎜，因為厚度不同，口感就變了。」及川主廚在在表現出他的完美主義。

pâtisserie mont plus

店東兼甜點主廚　林 周平

白巧克力佐黑醋栗塔

塔的千變萬化

水果塔
＊甜麵糰
→P.156

葡萄柚塔
＊甜麵糰
→P.161

蒙莫朗西櫻桃
＊甜麵糰
→P.163

白起司塔
＊甜麵糰
→P.165

檸檬塔
＊鹹麵糰
→P.172

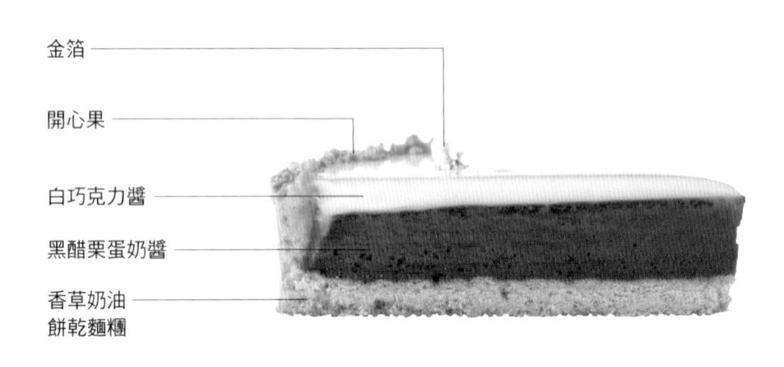

林周平主廚向來以製作不隨風潮起舞的法式甜點聞名，這款「白巧克力佐黑醋栗塔」，即是他重現巴黎甜點老鋪「Jean Millet」的檸檬塔的改良版。在白巧克力鏡面醬的襯托下，黑醋栗的魅力無法擋。

塔皮

品嚐黑醋栗時，這種質地易碎的香草奶油餅乾麵糰具有解膩功能，但為了不讓口感停留太久，將厚度做成4mm。空燒後再倒進蛋奶醬。

模型尺寸：直徑18cm×高2cm（1/8切片）

顏色的驚艷、
滋味的對比、香氣的共鳴

白巧克力佐黑醋栗塔

一片500日圓（未稅）
供應期間　6月～8月

白巧克力佐黑醋栗塔

香草奶油餅乾麵糰

◆直徑18cm×高2cm的塔圈 4模分

無鹽奶油（森永乳業）…………300g
香草豆莢（馬達加斯加產）……1根
糖粉……………………………180g
全蛋……………………………100g
杏仁粉…………………………50g
低筋麵粉
（日清製粉「SUPER VIOLET」）
……………………………………500g
發粉……………………………1g

1. 攪拌盆中放進呈髮蠟狀的奶油、從豆莢中刮出來的香草豆，以低速邊攪拌邊分4～5次放進糖粉。
2. 分4～5次放進充分打散的全蛋。
3. 將杏仁粉全部放進去攪拌。
4. 將過篩後混合在一起的低筋麵粉和發粉分2～3次放進去攪拌。將麵糰整理成形後用保鮮膜包起來，放在冰箱冷藏1晚。

黑醋栗蛋奶醬

◆2模分

全蛋……………………………270g
糖粉……………………………90g
A
- 黑醋栗果泥（BOIRON公司）
……………………………………180g
- 黑醋栗利口酒（BOIRON公司）
……………………………………90g

玉米粉…………………………12g
香草精…………………………適量
無鹽奶油（森永乳業）…………90g

1. 全蛋打散，和糖粉一起用打蛋器混拌。
2. 先用少量混合好的A把玉米粉拌勻開來，再整個倒進A裡攪拌均勻。
3. 將**2**分3～4次放進**1**裡，攪拌均勻。
4. 放進香草精，再放進60℃的融化奶油，拌勻。

白巧克力醬

◆4模分

牛奶……………………………100g
35%鮮奶油（OMU乳業）………30g
可可脂
（CACAO BARRY公司「Mycryo」）
……………………………………30g
白巧克力（CACAO BARRY公司「Blanc Satin」）
……………………………………350g
無鹽奶油（森永乳業）…………85g

1. 牛奶、鮮奶油、可可脂稍微煮沸。
2. 將白巧克力倒進**1**，用手持電動攪拌棒攪拌至完全乳化。
3. 當**2**處在35～40℃的狀態下，將切成小丁狀的奶油放進去，用橡膠刮刀攪拌，再用手持電動攪拌棒攪拌至完全乳化。

鋪塔皮與烘焙

1. 將香草奶油餅乾麵糰用壓麵機壓成厚度4mm，然後用直徑23cm的模型割出塔皮，鋪進直徑18cm×高2cm的塔圈裡。
2. 放進冰箱冷藏1小時後，放進190℃～200℃的烤箱中烤25～30分鐘。

組合與完成

開心果…………………………適量
金箔……………………………適量

1. 將黑醋栗蛋奶醬倒進空燒好且放涼的塔台裡，倒8～9分滿，放進170～180℃的烤箱中烤30～35分鐘。稍微散熱後放進冰箱冷藏。
2. 在**1**的上面淋上白巧克力醬，用奶油刀抹平表面。
3. 開心果打成碎末後，放在邊緣，裝飾上金箔。

從熟悉的素材
變化出新滋味

巴黎糕點名店「Jean Millet」的店東兼主廚德尼斯・萊佛士和日本法式甜點界淵源極深。林周平主廚1989年遠赴法國，便一心想在當時絕不算名氣響叮噹的「Jean Millet」工作，後來終於如願以償，他在這家店苦熬了3年，經過嚴格訓練後，最後當上領班主廚。這次介紹的這款「白巧克力佐黑醋栗塔」，據說就是萊佛士主廚的獨創作品。

「這個塔很特別吧？德尼斯主廚明明不吃白巧克力的，但他還是善用白巧克力的特性，創作出新的口味來，這就厲害了。」林主廚表示，這是一個將熟悉的甜點食材變出新花樣的好例子，不但可以用檸檬、柳橙來做，連芒果也沒問題，發展性極高正是這個配方的不可思議處。

這款改良版黑醋栗塔配方中的黑醋栗蛋奶醬，是用黑醋栗果泥取代原本檸檬塔中的檸檬汁。果泥和利口酒加起來水分很多，「吃進嘴裡幾乎都是水。」放在烤箱烤過後，玉米粉變糊，就會有點黏糊糊的口感了。黑醋栗的香氣與酸味，搭上圓潤又甜蜜的白巧克力鏡面醬，味道各自獨立，卻又巧妙地絕配。

第一眼會被漂亮的顏色所吸引，而第一口就會因為美味在口中超乎想像地擴散開來而驚奇。香氣深邃原本就是林主廚所製作的甜點的特色之一，這款塔除了黑醋栗的香氣外，西西里島的帕爾馬綠皮開心果的果香也會微微竄上鼻腔，華麗感十足。

此外，雖然是個小細節，但裝飾在邊緣的開心果碎末都刻意讓尖角立起，於是裝飾就不僅是裝飾而已，也多少達到畫龍點睛的效果。

用奶油餅乾麵糰
來表現蓬鬆的口感

這款香草奶油餅乾麵糰當然是要跟黑醋栗蛋奶醬一起入口的，刻意做成厚度4㎜，比一般的奶油餅乾麵糰厚一點，就是要展現獨特的口感。最大目標當然是為了順口，但也希望顧客品嚐時，能同時吃出蓬鬆鬆的口感。

「塔這種甜點正因為它的呈現方式很簡單，所以很難，但也很有趣。麵糰是表現口感的構成要素，輕忽不得，因為選材不同或是厚度不同，完成後的感覺可以天差地別，而且會直接影響到滋味。」林主廚說。

「mont plus」的派塔向來以口感佳聞名。奶油餅乾麵糰的口感濕潤、入口即化，而甜麵糰則是酥酥脆脆，且滋味多少會殘留在嘴裡。除了放入杏仁奶油餡後烘焙的甜麵糰以外，林主廚為了表現出特別的口感，都會在麵糰上塗蛋黃來防止濕氣，並且戳洞來防止烘烤後縮小。

因此，「mont plus」的派塔，有些放到隔天仍然保有酥鬆的口感，有些則是吸飽了奶油餡的濕氣而更加美味，例如「蒙莫朗西櫻桃塔」就是刻意不塗蛋黃，表現出甜麵糰經過2、3天後的柔軟口感。「『蒙莫朗西櫻桃塔』會隨時間而增加獨特的濕氣，這個濕氣是從櫻桃一點一點跑出來的，正因為這樣而特別好吃，我才要讓甜麵糰吸飽濕氣。」林主廚說。了解各種麵糰的口感後，配合甜點的表現重點來改變配方和塔皮的厚度，就能讓塔更加千變萬化了。

Pâtisserie La cuisson

店東兼甜點主廚　飯塚 和則

馬斯卡彭起司濃縮咖啡塔

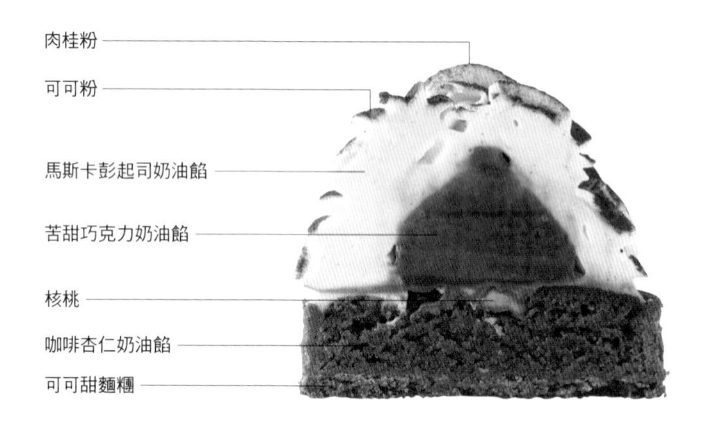

在加了可可粉的甜麵糰裡，倒進使用濃縮咖啡糊的杏仁奶油餡，咖啡味十足，再放上口感溫和的核桃烘焙而成。上面放了馬斯卡彭起司奶油餡，表現出提拉米蘇的口感；中心則放入巧克力奶油餡，讓整體味道的層次感更鮮明。奶味十足的馬斯卡彭起司奶油餡，搭配添加咖啡而味道微苦的塔台，蘊釀出成熟風味。

塔皮

將甜麵糰擀得稍薄一點，厚度只有2mm，製造出纖細的口感。鹽巴也多放了一點，做出甜中帶鹹的滋味。倒進咖啡杏仁奶油餡，再放上核桃後烘焙。

模型尺寸：直徑7cm×高1.7cm

塔的千變萬化

無花果塔
＊甜麵糰
→P.157

開心果櫻桃塔
＊甜麵糰
→P.163

隨心所欲塔
＊甜麵糰
→P.165

起司塔
＊甜麵糰
→P.165

莓果佐大黃塔
＊脆皮麵糰
→P.170

帶苦的咖啡塔皮，
把內餡的奶味完全提出來

馬斯卡彭起司濃縮咖啡塔

443日圓（含稅）
供應期間　全年

馬斯卡彭起司濃縮咖啡塔

可可甜麵糰

◆備用量

A
- 低筋麵粉（日本製粉「Affinage」）……2700g
- 低筋麵粉（增田製粉所「AMORE」）……300g
- 可可粉……180g
- 發粉……12g

無鹽奶油（四葉乳業）……1800g
糖粉（純糖粉）……1200g
鹽（沖繩鹽SHIMAMA-SU）……36g
全蛋……540g
杏仁粉……450g

1. 將A材料混合，過篩。
2. 讓奶油回軟到還保留一點點冰涼度，然後放進攪拌盆，再放進糖粉和鹽巴，用低速攪拌至呈滑潤狀態。
3. 全蛋回溫到約18℃後，打成蛋汁，分5～6次放進**2**裡，以低速攪拌，不要拌進空氣。
4. 蛋全部放完後，將杏仁粉全部倒進去，以低速確實攪拌。
5. 將**1**全部放進去，攪拌到快看不見粉狀之前停止。
6. 將**5**放到工作檯上，用手掌由前往後、像要用麵糰磨擦工作檯那樣，將整個麵糰揉勻。
7. 將**6**整理成形，用塑膠袋包起來，放在冰箱冷藏1晚。

咖啡杏仁奶油醬

◆備用量

無鹽奶油（四葉乳業）……900g
濃縮咖啡糊……90g
細砂糖……900g
香草糖※……1小匙
全蛋……780g

A
- 杏仁粉……900g
- 低筋麵粉（星野物產「白金鶴」）……45g
- 咖啡粉（群馬製粉）……18g

※香草糖
將用過的香草豆莢的豆莢乾燥後，用研磨機磨碎，然後和細砂糖以等比例調和而成。

1. 奶油回溫至22℃左右，和濃縮咖啡糊、細砂糖、香草糖一起放進攪拌盆中，以中低速攪拌。
2. 全蛋回溫至24～29℃，分3～4次放進**1**中，同時攪拌至完全乳化。
3. 取出攪拌盆，將混合且過篩好的A放進**2**中，用手拌勻。

苦甜巧克力奶油餡

◆備用量

35%鮮奶油……400g
牛奶……400g
即溶咖啡……30g
細砂糖……110g
蛋黃……256g
吉利丁片……6g
61%巧克力……600g

1. 鍋中放入鮮奶油和牛奶，加熱到沸騰前熄火，放進即溶咖啡攪拌。
2. 鋼盆中放入細砂糖和蛋黃，攪拌。
3. 將**1**放進**2**中，再倒回鍋中，一邊攪拌一邊加熱至82℃。
4. 熄火，將泡軟的吉利丁片放進去，使之溶化。
5. 將**4**以濾網濾進溶化的巧克力中，攪拌至完全乳化。
6. 將**5**放進冰箱冷藏1晚。
7. 擠花袋中放進13號的圓形擠花嘴，再放進**6**，在玻璃紙上擠出3cm大的球狀，放進冰箱冷凍，使之凝固。

馬斯卡彭起司奶油餡

◆約10個分

47%鮮奶油……58g
細砂糖……4g
馬斯卡彭起司……165g
卡士達奶油餡＊……221g

※卡士達奶油餡
（備用量）
牛奶……1000ml
香草豆莢……1根
蛋黃……240g
細砂糖……270g
低筋麵粉……90g
無鹽奶油……30g

1. 銅鍋中放入牛奶，再放進縱向切開後刮出的香草豆連同豆莢、半量的細砂糖，煮到沸騰前熄火。
2. 鋼盆中放入蛋黃和剩餘的細砂糖，用打蛋器打到泛白為止。
3. 將過篩後的低筋麵粉放進**2**中，攪拌到看不見粉狀為止。由於麵粉容易出筋，請注意不要過度攪拌。
4. 將一半量的**1**放進**3**中，攪拌，用圓錐形濾網濾回銅鍋中。
5. 再次煮沸，煮到用打蛋器舀起來能順利流下來的狀態為止。
6. 熄火，將奶油放進去，攪拌至完全乳化。
7. 倒進方形平底盤中，讓它快速變涼。
8. 放進冰箱冷藏1晚，使之熟成，使用前再過濾。

---

1. 鮮奶油中放入細砂糖，打發至尖端確實挺立為止。
2. 將馬斯卡彭起司放進去，用橡皮刮刀攪拌。
3. 將攪散的卡士達奶油餡放進去，攪拌均勻。

鋪塔皮與烘焙

◆備用量

核桃……1個塔6片
糖酒液
- 糖漿（30波美度）……200g
- 水……160g
- 白蘭地酒……60g

1. 用擀麵棍將鬆弛1晚的可可甜麵糰打鬆，然後用壓麵機慢慢壓成厚度2mm。再用塑膠袋包起來，放進冰箱冷藏2～3小時。
2. 將**1**鋪在撒上手粉（適量）的工作檯上，用直徑10cm的塔圈割出塔皮。
3. 將**2**鋪進直徑7cm×高1.7cm的塔圈中，用手指確實將塔皮貼緊塔圈，然後放進冰箱冷藏一下。
4. 用刀子切掉**3**的塔圈上多餘的塔皮，不要戳洞。
5. 擠花袋中放進13號的圓形擠花嘴，再放進咖啡杏仁奶油餡，擠進模型中至7～8分滿，再將烤過並磨成粗粒的核桃均勻地放上去。
6. 烤盤上鋪一塊有氣孔的烤盤布，將**5**排上去，以170℃的對流烤箱約烤16分鐘。
7. 先從烤箱拿出來，脫模，再次排在烤盤上，續烤5～6分鐘。
8. 將糖酒液的材料混合好，用毛刷大量地刷到烤好的**7**上面，放涼。

組合與完成

肉桂粉……適量
可可粉……適量
咖啡豆形狀的巧克力……1個塔1粒

1. 將一球苦甜巧克力奶油餡放進冷卻的塔台中間。
2. 擠花袋中放進8號的星形擠花嘴，再放進馬斯卡彭起司奶油餡，從**1**的上面開始擠出8朵玫瑰花。
3. 用濾茶網依序將肉桂粉、可可粉篩上去，最後裝飾一顆咖啡豆形狀的巧克力。

將奶油保持低溫 直到烘烤之前

店裡經常準備了8種左右的塔，約占所有小糕點的三分之一；而其中的經典款，同時也是開店以來的人氣甜點，就是這個「馬斯卡彭起司濃縮咖啡塔」了。

這款塔是在開發咖啡口味的塔時創作出來的。塔台本身就能品嚐到巧克力和咖啡風味，上面放進奶味十足的馬斯卡彭起司奶油餡，奶油餡中間藏著一球苦甜巧克力奶油餡，就是要讓饕客吃到提拉米蘇的感覺。

塔有兩種，一種是整體烘焙而成，一種是上面再和生菓子搭配。飯塚主廚將這款塔定位在生菓子的範疇內，因此「以上面的奶油餡為主，塔皮為輔。」

擔任主角的馬斯卡彭起司奶油餡，除了分量多之外，滑順的口感更是魅力所在。因此，刻意將甜麵糰擀成厚度2mm的薄片，讓口感纖細酥脆，襯托出馬斯卡彭起司奶油餡的美味來。

而甜麵糰所用的低筋麵粉中，放了一成左右的粗磨麵粉，因此能吃到沙沙的口感。

製作塔皮時，要特別注意「奶油要放到烘烤之前才拿出來。」從混合材料開始，用壓麵機壓麵糰、用塔圈割出塔皮、鋪塔皮等，每一道工程都要勤於放進冰箱冷藏。奶油如果滲出表面，不但不好作業，使用手粉的次數也會變多而影響完成後的口感。

為避免奶油滲出表面，就要在準備材料時下點工夫。夏天的話，奶油要在還有點冰冷狀態時使用，冬天則是使用前1小時從冰箱拿出來放軟。蛋的溫度是18度。請將材料都調整到上述最佳狀態後再進行混拌。

混拌的要訣是不要拌進空氣。空氣跑進去的話，烤出來的塔皮容易破碎，因此請以低速攪拌，盡量不拌入空氣，才能烤出有口感的塔皮來。

加進麵粉後須注意不要過度攪拌，因為之後還有用手整理麵糰的作業要進行。

材料全部混合後，就將麵糰拿到大理石檯上，用手掌像要拿麵糰磨擦大理石般把材料揉進去。如果出筋太多，烤出來會變硬，因此宜減少搓揉次數。

不過，如果只是稍微混拌一下，烤出來的塔皮就容易破裂了。總之，要將材料適當地拌勻，不讓奶油滲出表面，將麵糰整理到不會黏手的程度。

這種麵糰的用途極廣，通常會一次做很多然後冷凍起來，但這種時候仍必須先放冰箱冷藏一晚。據說冷藏會讓麵粉充分吸收水分，達到「熟成」效果，做出來的麵糰才不會粉粉的。

烘焙後立刻刷上糖酒液，避免塔皮乾巴巴

放進對流烤箱，用熱風把塔皮外側烤得香噴噴，並讓塔皮裡面呈現濕潤感。大約烤到8分熟時，讓塔皮脫模，再放回對流烤箱讓塔皮側面直接對著熱風烘烤，烤好後立刻刷上糖酒液。

甜點一旦放進冷藏櫃，多多少少都會變得乾燥，因此要大量塗上糖酒液來補充水分。

組合的重點是，在馬斯卡彭起司奶油餡裡面，放進即溶咖啡和苦味巧克力做成的苦甜巧克力奶油餡，呈現出奶油餡的滋味對比。此外，馬斯卡彭起司奶油餡要用星型擠花嘴堆高地擠出8朵玫瑰花，做出深受年輕人喜愛的提拉米蘇口感，而這樣的外觀相當古典，呈現出成熟風韻。

Relation
entre les gâteaux et le café

店東兼甜點主廚　野木 將司

艾克斯克萊兒

這是一款以楓糖為主題的派塔，塔台使用加了楓糖的甜麵糰。塔台裡倒入加了楓糖漿的甘納許，中間夾著海綿蛋糕，口感倍增。上面的半圓球是馬斯卡彭起司奶油餡，是用楓糖漿煮成的英式奶油醬為基底做成的。圓球中間放入和楓糖極搭的糖煎香蕉，周圍再裝飾用楓糖做成的脆片。

塔的千變萬化

洋梨塔
＊甜麵糰
→P.159

栗子佐黑醋栗塔
＊甜麵糰
→P.164

咖啡塔
＊甜麵糰
→P.164

塔皮

用楓糖、杏仁粉、香草粉做成的甜麵糰。使用100％高筋麵粉，以莎布蕾手法做成。空燒後倒進甘納許。

模型尺寸：直徑8cm×高1.6cm

高筋麵粉＆莎布蕾，創造出酥脆的口感

艾克斯克萊兒

500日圓（未稅）
供應期間　全年

艾克斯克萊兒

甜麵糰

◆直徑8cm×高1.6cm的塔圈　約43個分

無鹽奶油（森永乳業）……………450g
高筋麵粉（日清製粉「CAMELLIA」）……………750g
全蛋……………180g
楓糖……………285g
杏仁粉……………90g
香草粉※……………0.75g
鹽……………3g

※香草粉
將用過的香草豆莢的豆莢乾燥後，用研磨機磨成的粉狀物。

1. 奶油切成1.5cm小丁狀，放在冰箱冷藏到使用前才拿出來。高筋麵粉和全蛋也放進冰箱冷藏。
2. 奶油、高筋麵粉、楓糖、杏仁粉、香草粉、鹽巴放進攪拌盆，用低速慢慢攪拌。
3. 當高筋麵粉泛黃、奶油看不見顆粒後，將打散的全蛋細細地淋下去，同時以低速攪拌。
4. 當麵糰成形後，從攪拌盆中拿出來，整理成扁平的四方形，用塑膠袋包起來，放進冰箱冷藏1晚。

琥珀巧克力甘納許

◆完成量690g

35%鮮奶油（森永乳業）……………240g
琥珀級楓糖漿……………102g
40%牛奶巧克力（法芙娜公司「JIVARA LACTÉE」）……………330g
無鹽奶油（森永乳業）……………18g

1. 鍋中放入鮮奶油和楓糖漿，煮沸。
2. 將**1**倒進放了巧克力的鋼盆裡，攪拌到完全乳化。
3. 將奶油放進**2**中，再次拌勻。

手指餅乾

◆60cm×40cm的烤盤　1盤分

A
- 蛋白……………190g
- 乾燥蛋白粉……………3g
- 細砂糖……………115g

B
- 蛋黃……………105g
- 轉化糖漿……………12g

C
- 低筋麵粉……………65g
- 玉米粉……………65g

糖酒液
- 楓糖漿……………100g
- 糖漿（30波美度）……………25g
- 水……………62.5g

1. 將A放進攪拌盆中，打至發泡，做成偏硬的蛋白霜。
2. 用打蛋器攪拌B，再放進**1**中混合。
3. 將過篩好的C放進**2**中，用橡皮刮刀拌勻。
4. 將**3**倒進烤盤中，用200℃的對流烤箱烤7分鐘左右。
5. 混合糖酒液的材料。
6. 將**4**用直徑5cm的圓型模割出來，浸泡在**5**中，然後瀝掉多餘的糖酒液。
7. 放進冰箱冷藏15分鐘左右。

糖煎香蕉

◆完成量215g

香蕉……………150g
檸檬汁……………10g
無鹽奶油（森永乳業）……………5g
琥珀級楓糖漿……………20g
百香果籽……………30g

1. 香蕉切5mm小丁狀，和檸檬汁混合。
2. 鍋中放入奶油、楓糖漿，以小火加熱至奶油溶化後，將**1**放進去，嫩煎。
3. 待香蕉的水分乾了後，熄火，放進百香果籽拌勻。
4. 倒進方形平底盤，放涼後，再放進沒裝擠花嘴的擠花袋中，擠進直徑4cm的圓形矽膠模具中，一個擠10g。
5. 放進冰箱冷凍。

楓糖馬斯卡彭起司奶油餡

◆完成量639.1g

中級楓糖漿……………162g
35%鮮奶油（森永乳業）……………175g
蛋黃……………50g
吉利丁粉……………2.1g
馬斯卡彭起司……………250g

1. 鍋中放楓糖漿，煮到剩下原來的75%左右。
2. 放進鮮奶油和蛋黃，以小火加熱至83℃，煮成英式奶油醬。
3. 拿離火源，將泡好的吉利丁放進去，過濾，放進冰箱冷藏。
4. 將馬斯卡彭起司和**3**放進攪拌盆中，用打蛋器打到硬性發泡。
5. 將**4**裝進沒有擠花嘴的擠花袋，擠進直徑5cm、高2.5cm的半圓球形模型中，約擠半分滿，再將冷凍的糖煎香蕉放在中央。
6. 再將**4**擠到模型的高度為止，用奶油刀抹平。
7. 放進冰箱冷凍。

脆片

◆完成量402.2g

發酵奶油……………100g
楓糖（顆粒）……………100g
高筋麵粉（日清製粉「CAMELLIA」）……………100g
杏仁粉……………100g
鹽……………2g
小豆蔻粉……………0.2g

1. 材料全部放進攪拌盆中，用電動攪拌器打到呈小碎粒狀。
2. 將**1**放進烤盤，用160℃的對流烤箱烤8分鐘。

鏡面醬

◆備用量

細砂糖……………414g
35%鮮奶油……………345g
玉米粉……………27g
吉利丁粉……………8.2g
水……………41g

1. 鍋中放入細砂糖，加熱，煮成焦糖。
2. 將部分鮮奶油放進玉米粉中，拌勻。
3. 待**1**上色後，加入鮮奶油，熄火，再加入**2**，拌勻。
4. 再次煮沸**3**，然後拿離火源，將泡進適量水的吉利丁放進去，攪拌。
5. 將**4**過濾後，放進冰箱冷藏。

鋪塔皮與完成

1. 將壓麵機設成厚度2mm，然後將鬆弛好的麵糰放進去慢慢壓平。
2. 大理石檯上撒點高筋麵粉（適量），放上**1**的麵糰，用直徑13cm的塔圈割出塔皮，放在冰箱冷藏2小時左右。
3. 將**2**放在直徑8cm、高1.6cm的塔圈上，邊轉動模型邊鋪進去。用手指按壓塔皮，讓它確實與模型邊角貼合。
4. 用水果刀切除模型上面多出的塔皮。為了不讓塔皮低於塔圈的高度，請將水果刀斜斜對著塔皮切。
5. 將**4**放進鋪好烤盤墊的烤盤上，放進冰箱冷藏2小時。
6. 將**5**放進設定成160℃的對流烤箱中，約烤20分鐘，過程中要將烤盤的方向前後對調。
7. 稍微散熱後，脫模，放涼。

組合與完成

裝飾用白巧克力……………適量
糖粉（裝飾粉）……………適量

1. 在空燒好的甜麵糰裡，薄薄地倒進一層琥珀巧克力甘納許，再於中央放上冰涼的手指餅乾，然後再次倒進琥珀巧克力甘納許，倒滿為止，放進冰箱冷藏，使之凝固。
2. 將冰凍好的楓糖馬斯卡彭起司奶油餡脫模，用水果刀刺進底部，讓圓球部分沾上鏡面醬。
3. 將**2**放在**1**的中間，周圍裝飾脆片。再放上裝飾用白巧克力，脆片上撒上糖粉。

即使放了甘納許，也要做出有口感餘韻的塔皮

野木將司主廚的得意作「艾克斯克萊兒」，是２００９年楓糖甜點大賽的入選作品。它是以礦物質豐富的調味料「楓糖」為主題，在各個部位使用楓糖漿或楓糖的一款派塔；不但形式獨特，而且使用直徑八公分的塔模，沉甸甸的存在感引人注目。

塔皮採用甜麵糰。據說野木主廚的目標就是要做出口感酥脆的塔皮來。

「把甜麵糰空燒後做成塔台時，就算裡面放進了含有水分的蛋奶醬或甘納許，我也要把塔皮做得很有口感。」野木主廚說。

麵糰的做法採用莎布蕾手法。以前都是將砂糖放進奶油中做成的，但野木主廚在「Pierre Hermé」工作時，學到莎布蕾這種能讓口感更乾脆的手法，就把它應用在這款甜點上了。

重點在於先將奶油細切成1.5cm的小丁狀，然後放進冰箱冷藏，直到要用之前才拿出來，這樣在烘烤之前即使奶油軟化了，也不會失去乾脆的口感。

第二個重點是麵粉要用高筋麵粉，這麼一來，空燒好的塔皮即使吸進了甘納許的水分，也不會變得濕黏。高筋麵粉和奶油一樣，直到使用之前都必須一直放在冰箱冷藏，這點非常重要。

莎布蕾要用到電動攪拌器。重點在於除了蛋以外，所有材料都要放進攪拌盆裡，以低速慢慢攪拌。

「要讓麵粉的細小顆粒表面都蒙上一層奶油的油膜。」野木主廚說。順帶一提，這個甜麵糰的砂糖用的是楓糖，甜味更高級。

當麵粉都裹上奶油，變得泛黃後，將蛋汁細細地一邊倒進去一邊攪拌，待麵粉變成團狀後，停止攪拌。

以塔皮為主，與它的存在感取得平衡

這家店目前提供4種塔，塔皮全都是使用甜麵糰。雖然只有這款塔使用了楓糖，但其他配方和製作方法都一樣，也就是說，這家店的塔皮，一定是口感確實的甜麵糰。

塔台是這款塔的主角，決定主角後，再去思考整體的平衡，然後搭配夠分量的組合。

「艾克斯克萊兒」的狀況是，在空燒好的塔皮中，放進夾了餅乾的甘納許，再放上馬斯卡彭起司奶油餡，奶油餡中間有糖煎香蕉，最後再裝飾口感與塔迥異的脆片來增加分量。

設計這款塔時絕對不能忽略掉的就是「楓糖」。楓糖的風味獨特，而且糖度極高，必須顧及整體平衡，不能讓甜味單獨太過突出。因此，必須使用有口感的塔皮和脆片來覆蓋甜味；然後搭配柔順的馬斯卡彭起司奶油餡，讓整體取得平衡。

而這裡的馬斯卡彭起司奶油餡，它的質地介於慕斯和奶油餡中間，是以英式奶油醬為基底，再利用馬斯卡彭起司創造出濃稠滑順的口感。

而奶油餡中間放進與楓糖極搭的糖煎香蕉也是一大亮點，且為了避免過甜而加進百香果籽來增加酸味，吃後會有清爽的感覺。

參加比賽時，這款塔最後是噴上白巧克力噴霧，但現在改成了鏡面醬，放在甜點展示櫃裡，美麗的光澤閃閃動人。

PÂTISSIER SHIMA

經理兼主廚　**島田 徹**

馬達加斯加香草塔

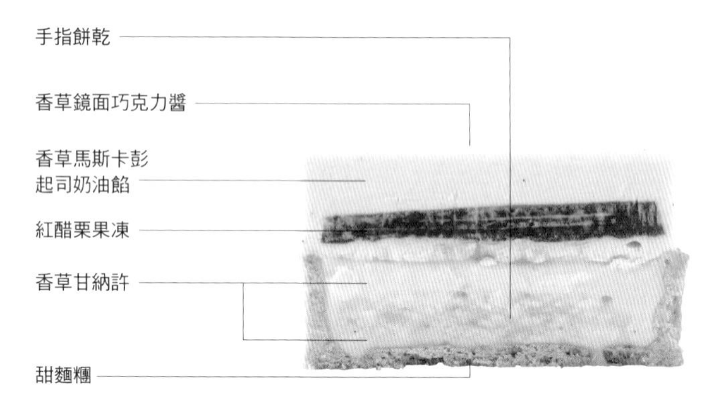

在甜麵糰裡加進香草甘納許，能夠充分品嚐到馬達加斯加產的波旁香草的優雅香氣，而且中間還藏著內含很多香草糖漿的手指餅乾。放在塔台上的香草馬斯卡彭起司奶油餡，融合了香草味的英式奶油醬和美味的馬斯卡彭起司。中間的紅醋栗果凍，它的酸味更襯托出香草的高雅風味。

塔的千變萬化

草莓塔
＊甜麵糰
→P.157

狩獵旅行
＊甜麵糰
→P.159

黃香李塔
＊甜麵糰
→P.161

紫香李塔
＊甜麵糰
→P.161

塔皮

採用能與中間的餡料取得平衡的厚度3mm甜麵糰。太厚會過硬、太薄則味道不足，而3mm的口感正好，可以確實品嚐出塔皮的美味。

模型尺寸：直徑6.5cm×高1.7cm

圓融地包覆起紅色果實的酸味，
香草餘韻怡人

馬達加斯加香草塔

540日圓（含稅）
供應期間　全年

馬達加斯加香草塔

甜麵糰

◆直徑6.5cm×高1.7cm的空心模　8個分

無鹽奶油（四葉乳業「北海道奶油」）……150g
香草油……適量
糖粉……75g
全蛋……640g
低筋麵粉（日清製粉「VIOLET」）……300g
發粉……2.5g

1. 攪拌盆裡放入呈髮蠟狀的奶油，再放入奶油，加進香草油，用奶油刀攪拌。加進糖粉，以低速攪拌，不要拌進空氣。
2. 一點一點放進打散的蛋，攪拌。
3. 放進過篩混合好的低筋麵粉和發粉，攪拌到看不見粉狀為止。
4. 用刮板將麵糰整理均勻。
5. 用塑膠袋包起來，放進冰箱冷藏1天。

手指餅乾

◆30cm×20cm的烤盤　1盤分

全蛋……4個
乾燥蛋白粉……6g
細砂糖……95g
低筋麵粉（日清製粉「VIOLET」）……100g
糖粉……適量

1. 將蛋的蛋黃與蛋白分開。將乾燥蛋白粉和細砂糖放進蛋白裡，打成尖角挺立的蛋白霜。
2. 打散的蛋黃放進蛋白霜裡，用橡皮刮刀拌到呈現大理石花紋時，放入過篩好的低筋麵粉，用橡皮刮刀拌勻。
3. 烤盤鋪上烤盤墊，用8號圓形擠花嘴斜斜擠出，輕輕撒上2次糖粉，然後放進200℃的烤箱中烤7分鐘。待稍微散熱後，用直徑4cm的模型割出來。

香草糖漿

◆8個分

礦泉水……50g
A
- 香草豆莢（馬達加斯加產）……1/8根
- 香草油……適量
- 細砂糖……25g

黑萊姆酒（NEGRITA）……3g

1. 礦泉水煮沸後，將A放進去。放涼後，再加進冰冷的萊姆酒。

紅醋栗果凍

◆直徑4.5cm的圓盤形烤模　10個分

紅醋栗果泥（SICOLY公司）……75g
覆盆子果泥（BOIRON公司）……75g
礦泉水……50g
細砂糖……50g
吉利丁片……6g

1. 混合紅醋栗果泥和覆盆子果泥。
2. 礦泉水煮沸，放進細砂糖，熄火。放進泡軟的吉利丁，攪拌均勻。
3. 將2放進1中，拌勻，倒進烤模裡，每一個倒20g，放進冰箱冷凍，使之凝固。

香草甘納許

◆10個分

35%鮮奶油（高梨乳業「Crème Fleurette北海道根釧35」）……225g
香草豆莢（馬達加斯加產）……1/4根
白巧克力（VALRHONA公司「IVOIRE」）……250g

1. 鮮奶油中放入從香草豆莢刮出的香草豆連同豆莢，一起煮沸。
2. 鋼盆中放入白巧克力，將1過濾倒進去，攪拌至完全乳化。

香草馬斯卡彭起司奶油餡

◆10個分

香草英式奶油醬*……300g
馬斯卡彭起司（高梨乳業）……200g

*香草英式奶油醬
（10個分）
35%鮮奶油（高梨乳業「Crème Fleurette北海道根釧35」）……250g
香草豆莢（馬達加斯加產）……1/2根
細砂糖……65g
蛋黃……50g
吉丁利片……4g

1. 鮮奶油中放入從香草豆莢刮出的香草豆連同豆莢，以及配方中的一小部分細砂糖，一起煮沸。
2. 將1用剩的細砂糖和蛋黃混合，用打蛋器拌勻。
3. 將1放進2中，拌勻，再倒回1的鍋中，再度加熱至82～84℃，熄火。
4. 泡好的吉丁利瀝掉水分後，放進3裡，拌勻。
5. 將4過濾到方形平底盤中，浸在冰水中確實冷卻，然後表面用保鮮膜封住，放在冰箱冷藏1天。

1. 混合香草英式奶油醬和馬斯卡彭起司，用打蛋器打至發泡。

香草鏡面巧克力醬

◆8個分

35%鮮奶油（高梨乳業「Crème Fleurette北海道根釧35」）……100g
A
- 鏡面醬（Marguerite公司）……90g
- 水飴……3g
- 糖漿（30波美度）……10g

香草豆莢（馬達加斯加產）……1/8根
白巧克力……100g
食用鈦白粉……必要量

1. 鮮奶油中放入A、從香草豆莢刮出的香草豆連同豆莢，一起煮沸。
2. 將1過濾至放了白巧克力的鋼盆中，用手持電動攪拌棒攪拌至完全乳化。放進鈦白粉。

鋪塔皮與烘焙

1. 將鬆弛1天的甜麵糰放進壓麵機壓成厚度3mm，用直徑9.8cm的模型割出塔皮。
2. 將塔皮鋪進直徑6.5cm×高1.7cm的空心模中，放進冰箱冷凍至塔皮變冷為止。
3. 放進170℃的烤箱烤20分鐘，稍微放涼。

組合與完成

◆1個分

整顆覆盆子（冷凍）……1個

1. 將香草甘納許擠進塔台，約擠到1/3高。
2. 將手指餅乾浸在香草糖漿裡，讓它吸飽糖漿後，放在1上面。
3. 將香草甘納許擠到與塔台同高，放進冰箱冷凍，使之凝固。
4. 烤盤墊上放直徑6cm×高1.7cm的空心模，擠進香草馬斯卡彭起司奶油餡，擠到約1/3高。
5. 中間放進紅醋栗果凍，再擠進香草馬斯卡彭起司奶油餡，擠到與烤模同高。放進冰箱冷凍，使之凝固。
6. 將5從模型中取出來，放在網子上，均勻地淋上香草鏡面巧克力醬。用奶油刀抹平，將多餘的鏡面巧克力醬去除乾淨。
7. 將6放在3上面，再放上一顆覆盆子。

將香草巧妙應用在塔的每個部位

位於東京麴町的「PÂTISSIER SHIMA」，是在日本將正統法式甜點發揚光大的權威主廚之一島田進的甜點坊。而在這裡成為進主廚的得力助手而指揮全場的人，就是他的兒子徹主廚。

徹主廚在東京青山的「A. Lecomte」學會製作甜點的基本功夫後，於2004年赴法國，在巴黎名店「Laurent Duchêne」工作，而這家店是榮獲過法國國家最優秀職人大獎的杜申所開設的。之後，又在皮埃爾．艾爾梅開設的「PIERRE HERMÉ PARIS」本店工作三年半。徹主廚一直很尊敬艾爾梅主廚，深受其影響。

「艾爾梅遵從法式甜點的基本原則，同時又有個人獨特的表現，這種兩者得兼的高藝術性，以及創作出不敗的經典甜點「Ispahan」，都叫我由衷敬佩不已。」

這款「馬達加斯加香草塔」的靈感是從艾爾梅主廚的「香草塔」得來的。徹主廚說：「我買到了馬達加斯加產的波旁香草，品質極優。大溪地產的香草具有男子漢的雄壯香氣，而馬達加斯加香草的香氣是女性的、高雅的、纖細的。我無論如何都要先享受這種香氣。」因此，他把馬達加斯加香草巧妙地應用在塔的各個部位上。

甜麵糰的奶油採用風味絕佳的四葉乳業的北海道奶油；還在麵糰裡加入適量的香草油，即使烤後香氣也不易跑掉，風味更棒。

選用與馬達加斯加香草極搭的鮮奶油

倒進空燒好的甜麵糰裡的香草甘納許，是將香草放進鮮奶油中煮沸，再倒進白巧克力裡乳化而成。只要完全乳化，就能做出滑順且入口即化的甘納許了。

徹主廚所使用的鮮奶油是一種叫做「Fleurette」的類型，在法國極為普遍。

它的脂肪球大小均一，因此容易發泡且不易崩塌；而且由於乳化安定，不但容易和巧克力混合，混合後的乳化狀況也很漂亮。徹主廚在法國工作時知道這種「Fleurette」型的鮮奶油，目前都是使用高梨乳業的這種產品。

「我會選用這種鮮奶油，不只因為它是『Fleurette』，還因為它的味道非常棒。它是使用放牧在北海道的根釧地區、只吃牧草的牛所擠出來的牛奶，所以味道特別不一樣。」徹主廚對根釧地區的牛奶讚歎不已。

塔台裡不只放了香草甘納許，中間還夾了一個吸飽香草糖漿的手指餅乾。糖漿裡不只有香草，還加了萊姆酒來提升香氣，也會配合季節和果凍，改用櫻桃白蘭地等其他的利口酒。

至於手指餅乾，如果要直接吃，通常是打發蛋黃再與蛋白霜混合，做得比較滑順一點，但這裡的手指餅乾由於要浸在糖漿裡，麵糰必須有點硬度，因此不打發蛋黃，而用橡皮刮刀與蛋白霜混拌。

將帶有香草芬芳的英式奶油醬與馬斯卡彭起司混合，做成香草馬斯卡彭起司奶油餡後，放進塔台裡。這個馬斯卡彭起司也是高梨乳業的產品，也就是用根釧地區的牛奶做成的，味道極為高雅，和馬達加斯加香草的纖細形成絕配。

中間放進了徹主廚所喜愛的紅醋栗加覆盆子做成的果凍，但是，百香果與芒果、黑醋栗與紫蘿蘭利口酒、巧克力與栗子等，和糖漿一樣，都會隨季節改變果凍種類來引出香草的魅力，讓顧客大飽口福。

Passion de Rose

店東兼甜點主廚　田中 貴士

栗子黑醋栗塔

田中貴士主廚在法國邂逅一種顛覆目前派塔感覺的塔，然後以自己獨特的技術將之改良成這款「栗子黑醋栗塔」。在甜麵糰裡薄塗一層黑醋栗果醬，擠進香堤鮮奶油，放上蛋白霜，再擠進栗子奶油餡。栗子奶油餡中加了起瓦士威士忌，能提出栗子的香氣。輕爽怡人，令人品嚐到前所未有的新鮮感。

塔的千變萬化

檸檬塔
＊甜麵糰
→P.158

無花果塔
＊甜麵糰
→P.160

什錦果仁塔
＊甜麵糰
→P.166

洋梨塔
＊千層酥皮麵糰
→P.175

塔皮

厚度2mm的甜麵糰。烘烤得宜，將杏仁粉的美味充分展現出來。主廚認為塔皮有點濕潤也很好吃，因此未塗上蛋汁。

模型尺寸：直徑8cm×高1.5cm

以香堤鮮奶油和蛋白霜
輕輕帶出栗子的深邃風味

栗子黑醋栗塔

540日圓（含稅）
供應期間　9月

栗子黑醋栗塔

甜麵糰

◆直徑8cm×高1.5cm的塔圈 7個分

發酵奶油（明治乳業）…………75g

A
- 糖粉……………………………48g
- 杏仁粉…………………………15g
- 香草粉…………………………0.5g
- 鹽………………………………0.5g

全蛋………………………………30g

低筋麵粉（日清製粉「VIOLET」）
……………………………………125g

1. 攪拌盆裡放入冰冷的奶油（約5℃）、預先過篩混拌好的A，用電動攪拌器以1速攪拌10～20秒。
2. 將全蛋全部放進去，以電動攪拌器攪拌。這個時候還沒完全融合也沒關係。
3. 放進預先過篩好的低筋麵粉，觀察攪拌情形，適時以2速或3速確實拌勻。
4. 待全部形成一個麵糰後取出，用塑膠袋包起來，放進冰箱冷藏至變硬。

黑醋栗果醬

◆7個分

細砂糖……………………………15g

果膠NH……………………………1g

黑醋栗果泥………………………50g

1. 細砂糖和果膠NH確實攪拌均勻。
2. 鍋中放入黑醋栗果泥和**1**，煮沸。

香堤鮮奶油

◆7個分

42%鮮奶油……………………200g

糖粉………………………………16g

1. 糖粉放進鮮奶油中，確實打發到快要變乾之前。

蛋白霜

◆7個分

蛋白………………………………80g

細砂糖……………………………80g

糖粉………………………………80g

1. 細砂糖放進蛋白中，確實打發到尖角挺立。
2. 將糖粉放進去，攪拌均勻。
3. 用圓形擠花嘴將**2**擠在烤盤上，擠出直徑5.5cm的半球形，放進80℃的烤箱烘烤3小時。

栗子奶油餡

◆7個分

A
- 栗子糊（Sabaton公司）……200g
- 栗子奶油（Sabaton公司）…100g
- 栗子果泥（Sabaton公司）…100g

起瓦士威士忌………………………7g

1. 攪拌盆中放入A，以電動攪拌器攪拌均勻。
2. 攪拌至呈滑順狀態後，放進起瓦士威士忌來增添風味，然後過濾。

鋪塔皮與烘焙

1. 甜麵糰冰到變硬後，用壓麵機壓成厚度2mm，用直徑11cm的塔圈割出塔皮。
2. 烤盤鋪上烤盤墊，放上直徑8cm×高1.5cm的塔圈，將**1**一個個緊密地鋪進去，此時不要撲上手粉。
3. 將烘焙紙鋪在塔皮上，用生米當成塔石放進去，均勻地鋪平。放進上下火皆為170℃的烤箱中烤15～20分鐘，拿掉烘焙紙和米，稍微散熱。

組合與完成

◆7個分

防潮糖粉…………………………適量

黑醋栗的果實（冷凍）…………21顆

1. 在空燒好的塔皮內側均勻地薄塗一層黑醋栗果醬。
2. 用圓形擠花嘴將香堤鮮奶油擠滿**1**，再放上蛋白霜。
3. 用蒙布朗擠花嘴將栗子奶油餡擠上去，撒上防潮糖粉，然後每一個塔放上3顆黑醋栗。

對塔的輕爽
新風味大開眼界

田中貴士主廚歷經了在日本的「Taillevent Robuchon（現為Joel Robuchon）」、「BENOIT」修業後遠赴法國。2006年起成為才剛開幕沒多久的「Des Gâteaux et du Pain」之一員。

這家店是巴黎街頭每天大排長龍且頗受好評的甜點坊之一，店東兼主廚是克萊爾・戴蒙。當初就只有戴蒙主廚和田中主廚兩人獨撐大局。

「每天做一百個泡芙、一百個泡芙塔，還有其他10種蛋糕50個，中午過後就賣光光了，真的好可怕！我當時想，這就是法國人啊。」田中主廚表示，他就是在這裡邂逅了「栗子黑醋栗塔」，驚訝於世界上竟有這麼清爽好吃的派塔而感動不已。

塔台裡不放杏仁奶油餡或克拉芙緹風的蛋奶醬之類，而是將塔皮空燒好後，塗上極薄的一層黑醋栗果醬而已，然後擠上香堤鮮奶油。為了再加上不同的口感，於是放上法式蛋白霜，周圍再擠上栗子奶油餡。

田中主廚曾問過戴蒙主廚為何是栗子搭配黑醋栗，得到的回答是：「這是理所當然的啊。」

「同樣季節（時令）的水果，當然搭啊。」

的確如此，雖然僅有少量的黑醋栗，但它的酸味不但不會被栗子蓋掉，反而發揮了幫栗子提味的效果。

甜麵糰的奶油
不要回軟成髮蠟狀

在數家名店鑽研過，田中主廚學到不少好本事，但他每天從工作中也獨創出不少技術。

例如，不將甜麵糰的奶油回軟成髮蠟狀。因為奶油只要放軟後，就算再冰起來也無法恢復原來的狀態，麵糰就會變軟了。

讓奶油在溫度約5度的狀態下以電動攪拌器攪成均一的硬度，然後加進糖粉、杏仁粉、香草粉、鹽巴，這是田中主廚獨創的方法，這麼一來即使把塔皮鋪進塔模後也不容易變軟，塔皮的延展性佳，就更方便作業了。

其次是加入蛋攪拌，這裡的方法也很特別，就是不必把蛋拌勻。這是因為如果讓它完全乳化，麵糰會發泡，就會比理想中的麵糰還要輕了。最後放進低筋麵粉，這時候再確實拌勻就行了。

塔皮的厚度是2㎜。據說這樣的厚度能確實品嚐出塔皮的滋味，口感也是田中主廚最喜歡的。用模型割出塔皮後，將塔圈放在烤盤墊上，然後把塔皮鋪進去，塔皮內側鋪上紙，再放上塔石。用米當成塔石也是田中主廚的獨門招術。

「因為是食物，無論如何都是安全第一，使用塔石的話，不可能百分之百保證塔石不會留在塔皮上，萬一不小心疏忽了，是米的話就比較安心。」這就是以米取代塔石的理由。

排除掉製作過程的危險性後，作業就能快速進行，而且米粒比塔石和紅豆都要小，能夠確實放進模型底部的邊角裡，而且重量均等，這些都是使用米粒的優點。順帶一提，據說法國的艾倫・杜卡斯主廚是用極細的「古斯古斯」來當成塔石。

「不要蛋的味道」、「塔皮有點濕潤也很好吃」，因此烤好後不塗上蛋汁，而在內側底面薄塗一層黑醋栗果醬，再擠上香堤鮮奶油。

放在上面的蛋白霜是將蛋白和細砂糖打到發泡，最後放進糖粉快速拌勻而口感清爽。

栗子奶油餡是混合了栗子糊、栗子奶油和栗子果泥，讓栗子的味道充分展現出來後，再加點起瓦士威士忌讓栗子味道稍微不同且更有魅力。享用後齒頰留香，令人印象深刻。

Chocolatier
La Pierre Blanche

店東兼巧克力師傅　白岩 忠志

塔拉干塔

塔的千變萬化

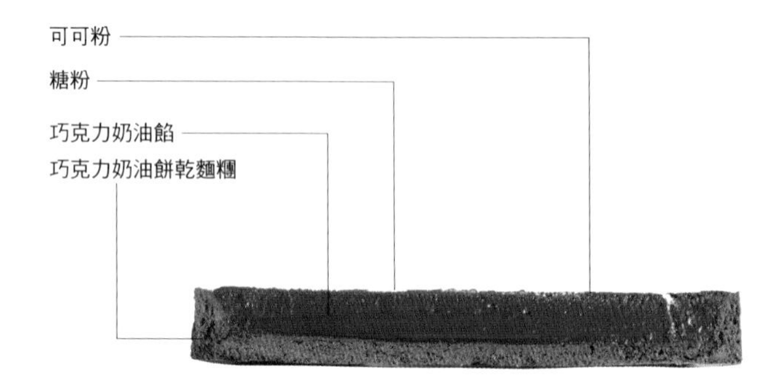

甘納許般滑順的巧克力奶油餡，搭配可可色的塔皮一起在口中變軟，慢慢融化開來。這款「塔拉干塔」，是白岩忠志主廚邂逅了西班牙CHOCOVIC公司的苦味巧克力「塔拉干」（Tarakan）後，所設計出來的作品。特色在於能夠直接品嚐到巧克力的一體感，風味洗練。

塔皮

為了呈現出與巧克力一起入口即化的整體感，選用加了可可粉的奶油餅乾麵糰。口感蓬鬆，香氣十足。

模型尺寸：直徑16cm×高2cm

酒心巧克力般
於口中綿綿化開，風味洗練

塔拉干塔

1模1300日圓（含稅）／一片260日圓（含稅）
供應期間　全年

塔拉干塔

巧克力奶油餅乾麵糰

◆直徑16cm×高2cm的塔圈 5模分

發酵奶油（四葉乳業）……480g
純糖粉……180g
全蛋……3個
鹽……適量
低筋麵粉（日清製粉「VIOLET」）……600g
自家製杏仁粉（西班牙Marcona種杏仁）……100g
可可粉……100g

1. 奶油中放入糖粉，用打蛋器攪軟，再將打散的全蛋和鹽巴放進去，用橡皮刮刀或刮板攪拌。
2. 放進過篩好的低筋麵粉、杏仁粉、可可粉後攪拌。將麵糰整理成形，用塑膠袋包起來，放進冰箱冷藏3小時以上。

巧克力奶油餡

◆5模分

35%鮮奶油……180g
牛奶……280g
細砂糖（微粒）……100g
轉化糖漿……120g
鹽……2g
75%巧克力（CHOCOVIC公司「Tarakan」）……500g
無鹽奶油（四葉乳業）……80g
蛋黃……8個分

1. 混合鮮奶油和牛奶，再將細砂糖、轉化糖漿、鹽巴放進去，煮沸。
2. 將巧克力放進**1**，用橡皮刮刀攪拌至完全乳化，但不要拌進空氣。
3. 將奶油、打散的蛋黃放進去，攪拌到完全乳化。

鋪塔皮與烘焙

1. 將巧克力奶油餅乾麵糰分割成各1模分，用擀麵棍擀成厚度2mm，再迅速鋪進直徑16cm×高2cm的塔圈裡。
2. 放進上下火皆為180℃的烤箱中烤12～13分鐘。

組合與完成

可可粉……適量
裝飾用糖粉……適量

1. 空燒好的塔台裡倒入放涼至20℃左右的巧克力奶油餡，倒到接近滿溢狀態，用橡皮刮刀整理表面。
2. 放進180℃的烤箱中約烤15分鐘。放涼後，撒上可可粉和糖粉。

創造出塔皮與內餡的整體感

以充滿個性的巧克力而聞名的西班牙CHOCOVIC公司出品的「塔拉干」，是白岩志忠主廚本身非常偏愛的巧克力。這裡介紹的「塔拉干塔」就是以這款巧克力製作而成，且自2005年於神戶設立「La Pierre Blanche」以來截至目前，配方從未改變。

「可可成分百分之七十五，堅硬，而且有果味。」白岩主廚表示，以稀有的馬達加斯加產的克里奧羅種（Criollo）可可豆為基底，再加上檸檬草、香菜等東方香草並帶有果香，是「塔拉干」的魅力所在。也有販售巧克力片供直接品嚐。

正因為如此，為了不阻礙巧克力奶油餡的美味，塔皮的味道就要與之融合一體。也就是說，塔皮的功能即為了搭配巧克力奶油餡，當巧克力奶油餡在口中融化後，不能讓塔皮的味道停留太久。

因此，在蓬鬆的奶油餅乾麵糰裡加進了可可粉，外觀一看就有整體感了，而且塔皮的厚度非常薄，只有約2㎜，口感纖細，彷彿用來裹甘納許的巧克力一樣。而且巧克力奶油餡中的粉類很少，黏稠滑潤感一如甘納許。組合極為簡單，滋味神似酒心巧克力般洗練。

為了烤出理想中的塔皮，首先必須不讓塔皮受到傷害。70年代中期即遠赴法國，跟在法國甜點主廚身邊工作多年的白岩主廚，擀麵糰的功夫自然一流。

雖然是將一塊麵糰擀成一模塔皮，但直徑16公分的話，就必須具備光靠滾動擀麵棍就能均勻擀出2㎜薄塔皮的高超技術，也就是不能將塔皮翻面，也不能轉動塔皮。

這門功夫全憑累積經驗才能抓到訣竅。由於機器會給塔皮造成負坦，因此店內並沒有壓麵機。

早上擀好塔皮後就鋪進塔模中烘烤。並未冷凍保存。原因是「砂糖量較多的甜麵糰雖然有抗冷凍性，但砂糖量比甜麵糰少的奶油餅乾麵糰，尤其是不放砂糖的鹹麵糰、千層酥皮麵糰、脆皮麵糰，就都沒有抗冷凍性。」

此外，也不使用塔石。空燒甜麵糰也一樣。一來因為塔石會壓壞塔皮，二來為了不讓塔皮變硬，便不放塔石了。

而為了不讓塔皮變味，不塗蛋黃來防潮。鏡面果膠也會讓味道改變，因此最近也停止使用了。

正因為簡單，就更要求優質且新鮮的風味。杏仁粉是自家製作的，採用Marcona種杏仁研磨而成。而加了這種杏仁粉的杏仁奶油餡也不冷凍保存；因為混合時跑出來的油脂，一旦解凍就會損及風味。「塔可不是這麼好騙的。」白岩主廚表示，身為甜點職人，該花的工夫一點都不能打折扣。

不要做得太複雜也是美味的主要關鍵

白岩主廚建議派塔不要做得太複雜。因為好好烤出沒受到傷害的塔皮，才能產生最棒的滋味。沒有防潮的巧克力塔皮放久了多少會吸收水分和油分，但這樣的蓬鬆口感，和奶油餡正是絕配。白岩主廚連時間所產生出來的美味都注意到了。

在神戶的「Alain CHAPEL」遇見亞倫・夏裴名廚後，白岩主廚就更懂得去了解素材並加以運用了。不只前述的杏仁粉，他也自製水果的果泥、果仁糖和杏仁膏，也使用新鮮的香草、香料來製作漬物，還不斷精進掌握可可豆裡各種類似水果、香草、堅果類芳香的能力。一顆天然且簡單的塔，其美味是需要眾多工夫來成就的。

Agréable

店東兼甜點主廚　加藤 晃生

巧克力瑪薩拉酒塔

塔的千變萬化

冬季（hîver）
＊巧克力奶油餅乾麵糰
→P.168

柳橙塔
＊奶油餅乾麵糰
→P.168

摩卡塔
＊奶油餅乾麵糰
→P.169

蜜魯立頓塔
＊奶油餅乾麵糰
→P.169

反烤蘋果塔
＊鹹麵糰
→P.171

使用香氣襲人的瑪薩拉酒。將浸泡在瑪薩拉酒的無花果乾的果糊、焦糖，以及用瑪薩拉酒增加香氣的甘納許倒滿整個塔台。另外將甘納許倒進別的模型中凝固後，放在塔台上，再擠上巧克力香堤鮮奶油，最後淋上鏡面巧克力醬。香氣馥郁、口感圓潤，是一款專為大人設計的巧克力塔。

塔皮

使用最重視法式甜點基本工的巧克力奶油餅乾麵糰。特色在於烘烤後風味十足且沙沙的口感。為了不妨礙主角甘納許，將厚度壓成2mm。

模型尺寸：直徑6.5cm×高1.5cm

瑪薩拉酒香氣源源不絕的
大人風巧克力塔

巧克力瑪薩拉酒塔

480日圓（含稅）
供應期間　10月～2月中旬

巧克力瑪薩拉酒

巧克力奶油餅乾麵糰

◆備用量

無鹽奶油（高梨乳業「北海道奶油」）……600g
鹽……10g
純糖粉……375g
杏仁粉……125g
全蛋……200g
A
- 低筋麵粉……900g
- 可可粉……50g

1. 攪拌盆中放入奶油、鹽巴、糖粉、杏仁粉，以低速攪拌。
2. 全蛋分2～3次放進去，攪拌。
3. 預先過篩好的A放進**2**中。攪拌之前先拿出攪拌盆，用刮板將黏在盆子上的麵糰刮下來混在一起。
4. 輕輕攪拌到看不見粉狀為止。將麵糰整理成形，放進冰箱冷藏1天。

焦糖醬

◆備用量

水……200g
細砂糖……500g
水飴……350g
38%鮮奶油……1000g
吉利丁片……20g

1. 水、細砂糖、水飴放進鍋中，加熱。
2. 鮮奶油放進另一個鍋中，煮沸。
3. 待**1**煮焦後，將**2**放進去，充分攪拌，熄火。
4. 將泡軟的吉利丁放進**3**中，用圓錐形濾網過濾。

甘納許奶油餡

◆備用量（1個約使用70g）

38%鮮奶油……675g
水飴……90g
轉化糖漿……50g
55%巧克力……900g
無鹽奶油……300g
瑪薩拉酒……225g

1. 鮮奶油、水飴、轉化糖漿放入鍋中，煮沸。
2. 鋼盆中放入巧克力，再放入一半的**1**，攪拌至完全乳化。待充分融合後，將剩下的**1**放進去，攪拌。
3. 待**2**降至人體體溫左右，將奶油放進去，用手持電動攪拌棒拌勻。
4. 將瑪薩拉酒放進**3**，攪拌。

巧克力香堤鮮奶油

◆備用量

42%鮮奶油……500g
35%牛奶巧克力……500g

1. 鮮奶油放入鍋中，煮沸。
2. 鋼盆中放入牛奶巧克力，再放入**1**，充分攪拌。
3. 放進冰箱冷藏1天。

瑪薩拉酒漬無花果乾

◆備用量

無花果乾……1000g
瑪薩拉酒……適量

1. 將輕晃中的瑪薩拉酒倒進無花果乾裡，約醃漬1個月。

鏡面巧克力醬

◆備用量

牛奶……520g
細砂糖……300g
水飴……40g
轉化糖漿……200g
鏡面果膠……900g
吉利丁片……24g
55%巧克力……650g
可可粉……80g

1. 牛奶、細砂糖、水飴、轉化糖漿、鏡面果膠放進鍋中，充分攪拌，煮沸。
2. 將用水泡軟的吉利丁放進**1**中，使之溶化。
3. 鋼盆中放進巧克力、可可粉，再放進**2**，用圓錐形濾網過濾。

巧克力蕾絲

◆備用量

無鹽奶油……150g
牛奶……60g
轉化糖漿……20g
細砂糖……180g
果膠……8g
可可粉……20g
杏仁碎粒……320g

1. 將一部分的細砂糖和果膠充分混合好。
2. 鍋中放進奶油、牛奶、轉化糖漿、**1**剩下的細砂糖，加熱。
3. 將過篩後的可可粉放進**2**中，再放進**1**，充分攪拌。
4. 將空燒好的杏仁碎粒放進**3**。
5. 將**3**放進鋪上烘焙紙的烤盤，用奶油刀抹成薄薄一層，放進150℃的對流烤箱中烤15分鐘左右。冷卻後切開來使用。

鋪塔皮與烘焙

1. 將約1kg的巧克力奶油餅乾麵糰放在大理石檯上，揉到麵糰有點融合後，整理成橢圓形。用擀麵棍從上面敲打，整理成正方形。
2. 撒上手粉（適量），將**1**用壓麵機壓成厚度2mm，再用戳洞滾輪戳出氣孔。
3. 用直徑10.5cm的塔圈割出塔皮，放進冰箱冷藏。
4. 將**3**一點一點地鋪進直徑6.5cm×高1.5cm的空心模中，使之完全貼緊。
5. 將**4**放進冰箱冷藏2～3小時。
6. 在**4**上面鋪烘焙紙，然後放進紅豆當成塔石，均勻地鋪平。放進170℃的對流烤箱中烤15～16分鐘。
7. 將**6**從烤盤移到網架上，拿出烘焙紙和紅豆，放涼。

組合與完成

1. 在空燒好的巧克力奶油餅乾麵糰的內側底面，放進用調理機打成糊狀的瑪薩拉酒漬無花果乾，約放厚度2mm，用奶油刀抹平。
2. 在**1**上面倒進焦糖醬，約倒至塔台的8分滿，然後放進冰箱冷凍使之變硬。
3. 將甘納許奶油餡倒進**2**，倒滿，放進冰箱冷凍使之變硬。
4. 烤盤鋪上烤盤墊，放上直徑6.5cm×高1.5cm的空心模，然後倒滿甘納許奶油餡，放進冰箱冷凍使之變硬。
5. 將**3**的塔台倒放在**4**上面。
6. 將**5**從烤盤墊上拿出來，脫模。將巧克力香堤鮮奶油打至七分發泡，用星形8號擠花嘴擠高度2cm到甘納許奶油餡上。放進冰箱冷凍到巧克力香堤鮮奶油變硬為止。
7. 倒著拿**6**去沾融化成稠狀的鏡面巧克力醬，沾到甘納許奶油餡的位置為止，再將烤好的巧克力蕾絲裝飾上去。

恪遵法式甜點的基本原則

出生於京都的加藤晃生主廚，在芦屋的「HENRI CHARPENTIER」工作一段時間後遠赴法國，經過「LA VIEILLE FRANCE」、「Gérard Mulot」等名店的修業磨練，於2013年回到京都，在中京區開設「Agréable」。

雅致的店面已經融入京都街頭，吸引來自全國各地的粉絲。而抓住饕客芳心的，是加藤主廚不流於潮流而恪遵法式甜點基本原則的態度。

加藤主廚把在法國學到的功夫確實用在製作塔皮的各個步驟上。首先，將奶油、鹽巴、糖粉、杏仁粉用攪拌器拌勻後，將全蛋分2到3次放進去。

重點在於，放低筋麵粉下去之前，必定先拿出攪拌盆，用刮板將盆子上的麵糰刮下來整理好。做了這個動作，之後再放進麵粉時就無需過度攪拌，可以防止出筋，讓口感更佳。

將放在冰箱冷藏一天後的麵糰放在大理石檯面上，稍微揉過後整理成橢圓形。用擀麵棍從上面敲打麵糰，打成正方形，再用壓麵機壓成厚度2㎜。「巧克力瑪薩拉酒塔」就是要品嚐當中的甘納許，因此塔皮厚度只有2㎜，讓人不太感覺到它的存在。

壓成厚度2㎜的塔皮，鋪上塔模後也要是正確的2㎜厚才行，因此不能將塔皮一口氣鋪進塔模裡，而是要一點一點地把塔皮放進去，這樣才能烤得均勻。

鋪塔皮之前，必須特別注意不讓塔皮的溫度上升。因此用模型割出塔皮後，要放在冰箱確實冷藏。而且鋪完塔皮後，也要放進冰箱冷藏2到3小時讓塔皮收緊，才能烤出奶油餅乾麵糰特有的沙沙口感。

放在170度的對流烤箱中烤15到16分鐘，而且必須一直確認烘焙狀態來適時調整溫度。由於要烤出塔皮的香氣、風味與口感，因此要烤到用手一碰就能感覺到彈性的程度。

此外，據說連蛋奶醬一起烘烤的話，也必須先空燒塔皮，否則兩者一起烤的話，蛋奶醬有可能會加熱過度。為了讓塔皮與蛋奶醬皆處在最佳狀態，應該先將塔皮空燒到七至八分熟狀態。

層層使用瑪薩拉酒，讓滋味更深邃

提到法式甜點中傳統的派塔，就會想到反烤蘋果塔和談話塔。那麼這次所介紹的「巧克力瑪薩拉酒塔」，是在何種因緣下誕生的呢？

「我那時正在思考秋冬的巧克力塔新作品，跟客人到法國餐廳去吃飯，他們拿出瑪薩拉酒當餐後酒。我一喝，直覺味道和巧克力塔很搭，就馬上試做。」瑪薩拉酒是義大利的加強葡萄酒，酒精濃度高，能喝到強烈的果實味和一點點甜味。

而浸在瑪薩拉酒一個月的酒漬無花果乾，以及用瑪薩拉酒增添香氣的甘納許，都令這款塔的滋味更深邃而更適合大人享用。

打成糊狀的酒漬無花果乾，具有獨特的顆粒口感，在它的上面，疊上口感柔滑的焦糖以及瑪薩拉酒的甘納許。乍見會以為偏甜，其實不然，這是因為瑪薩拉酒的濃郁和香氣將整體調和得十分平衡。

加藤主廚表示，由於要對產品負責，他在構思產品時，基本上都是以自己一人製作、自己一人組合為前提。忙碌之餘若還有一點空檔，就會親自接待顧客，詳細說明產品特色。

正是主廚對甜點的熱情與真摯的態度深獲顧客信賴，粉絲人數不斷攀升。

Delicius

店東兼主廚　長岡 末治

蘋果塔

蘋果是這款塔的主角，烘烤時，會將蘋果溢出的果汁一次次淋上去，因此口感滑順，幾乎與奶油餡融為一體。占全體分量最多的卡士達奶油餡，蛋黃用量為平常的1.5倍而質地濃郁，但粉類的用量極少，因此口感清爽，不會喧賓奪主。又為了讓味道和口感稍有變化而加進了巧克力蛋糕。

塔的千變萬化

覆盆子塔
＊奶酥麵糰
→P.176

溫州蜜柑塔
＊奶酥麵糰
→P.176

藍莓佐蘋果塔
＊奶酥麵糰
→P.176

塔皮

特徵為在口中靜靜溶化、蓬鬆的口感。重點則在麵粉與奶油的混合方法，似要用麵粉包住奶油般地輕輕攪拌，不要讓麵糰發黏。

模型尺寸：直徑7cm×高1cm

單純追求品嚐蘋果的原汁原味

蘋果塔

500日圓（未稅）
供應期間　10月～2月

蘋果塔

鹹麵糰

◆直徑7cm×高1cm的塔模 約30個分

發酵奶油（Calpis）……150g
細砂糖……100g
全蛋……80g
杏仁粉……50g
低筋麵粉（日本製粉「Sirius」）……250g

1. 攪拌器中放入回軟的奶油。
2. 將細砂糖放入1中，用電動攪拌器攪拌。
3. 一點一點將全蛋放入2中，同時攪拌，再放入杏仁粉，拌勻。
4. 最後放進過篩的低筋麵粉，攪拌至還留下一點粉狀。
5. 用保鮮膜封住，放進冰箱冷藏約1小時。

卡士達奶油餡

◆20個分

蛋黃……3個分
細砂糖……45g
低筋麵粉……8g
玉米粉……10g
牛奶……200ml
香草豆莢……1/2根
無鹽奶油（四葉乳業）……10g
38%鮮奶油（九分發泡）……50g

1. 用打蛋器將蛋黃和細砂糖攪拌至泛白為止。
2. 將低筋麵粉和玉米粉放進去，用打蛋器充分攪拌。
3. 用帶柄的鍋子將牛奶和香草豆莢煮沸，再放進2中，拌勻。
4. 用大火煮3，煮到咕嘟咕嘟沸騰為止。
5. 將4拿離火源，加進奶油攪拌，然後拿掉香草的豆莢，放涼。
6. 將5攪散，放進九分發泡的鮮奶油，攪拌到鮮奶油的氣泡消失為止。請留意不要過度攪拌。

巧克力蛋糕

◆6號的蛋糕模型 2模分

全蛋……264g
細砂糖……204g
低筋麵粉……147g
可可粉……30g
無鹽奶油……54g

1. 混合全蛋、細砂糖，隔水加熱，煮到人體體溫的程度後，打至發泡。
2. 將過篩混合後的低筋麵粉和可可粉放入1中，用水滴形湯勺攪拌。
3. 奶油融化後放進2中，用水滴形湯勺攪拌。
4. 倒進6號的蛋糕模型中，放進上下火皆為180℃的烤箱中烤30分左右。放涼後，切成10mm的薄片，用直徑4cm的模型割出來。

烤蘋果

◆2個分

蘋果（陸奧）……1個
細砂糖……30g
無鹽奶油（四葉乳業）……5g
香草豆莢……適量
蘋果白蘭地……適量
杏桃果醬……適量

1. 蘋果去皮、去果核，呈放射線狀縱切成6等分，排在烤盤上。
2. 在1的外側部分用刀畫出格子狀，撒上細砂糖、奶油、香草豆莢、蘋果白蘭地，放進上下火皆為220℃的烤箱中烘烤。過程中，將蘋果釋出的果汁再淋上去，進行2～3次，烤到出現焦色為止。
3. 烤後好，將杏桃果醬塗在格子切紋的那一面。

鋪塔皮與烘焙

蛋黃……適量

1. 用擀麵棍將鹹麵糰擀成厚度2mm，用直徑11cm的模型割出塔皮，戳洞後鋪進直徑7cm×高1cm的塔模中。然後鋪上烘焙紙，放上塔石，再放進上火180℃、下火200℃的烤箱中空燒。
2. 待呈現八分焦色後，拿出塔石，烤到全體呈七分焦色為止。
3. 最後以毛刷薄塗蛋黃，再次放進上火180℃、下火200℃的烤箱中烤2分鐘。

組合與完成

金箔……適量

1. 將卡士達奶油餡擠進空燒好的塔皮中，約擠7分滿，放上巧克力蛋糕，再擠上卡士達奶油餡，擠成有點像山的形狀。
2. 將烤好的蘋果以格子切紋朝上的方式排在1的表面，然後裝飾金箔。

選用新鮮好吃的蘋果，下工夫烘烤

長岡末治主廚很喜歡蘋果，這點從店名上的蘋果標誌即可窺知。店裡推出各種派塔和慕斯，這次介紹的「蘋果塔」是秋季新作，特色在於簡單，就只有用蘋果、卡士達奶油餡和塔皮組合而成。

塔皮採用鹹麵糰。長岡主廚學習到的不敗法則是：搭配的素材若是甜的，塔皮就用不甜的；素材若是不甜，那麼就選用甜的塔皮。在這個大原則上，還要追求兩者之間的速配性。

「蘋果和卡士達奶油餡都是滑順的，因此塔皮就要做出沙沙的口感。不過，做成派的話會有點過軟，而且不好成形。結果我就選擇做成鹹麵糰。」這個鹹麵糰的材料雖然很普通，但製作過程自有主廚的巧思。

「本來都是麵粉和奶油充分攪拌，但這個鹹麵糰採取的方式是讓麵粉包住奶油的感覺，就像在做千層派一樣，這樣就能做出不黏而有沙沙口感的麵糰了。」

蘋果用的是日本陸奧、津輕等內含豐富果蜜的品種。一般用於蛋糕上的蘋果，多使用不容易坍塌的紅玉或國光品種，雖然酸味強烈，但能調和整體滋味而受到重用。不過，長岡主廚的論點是：「還是用直接吃就很好吃的蘋果來做甜點會比較好。」雖然他說：「素材本身好吃的話，做法就可以很簡單。」但其實是個纖細的工程。

蘋果在烘烤之前，必須先在外側用刀畫上格子狀，然後撒上砂糖、切成小丁狀的奶油、現切的香草豆莢，再放進烤箱烘烤。果蜜豐富的蘋果於烘烤過程會釋出果汁，因此要勤於確認火候，將蘋果表面烤到呈焦色為止。

此外，透過不斷把從蘋果流出來的果汁再淋到蘋果上，就能將蘋果的美味鎖在裡面了。

組成愈是簡單就愈容易顯得土氣，因此需要一些感性。重點在於仔細觀察蘋果的形狀和烤色，展現出立體感。

重視整體平衡，讓客人大呼「再來一個！」

做蛋糕必須重視客人的觀感。「採用極其複雜的製作工程，會做出專家讚賞的美味來。做工繁複、滋味濃厚較受專家青睞，而且專家一吃便知道好不好吃了。但是，一般顧客不太會一點一點品嚐，都是一整個吃下去的，我們在做蛋糕給客人吃的時候，千萬不能忘記這一點。」長岡主廚表示，他會計算全部吃完後的滿足感來綜合考量整體的平衡。

以這款「蘋果塔」來說，整體分量有一半是卡士達奶油餡，也因為卡士達奶油餡是味道的關鍵，而設計出專用的配方。首先，為避免黏滑感，僅使用極少量的低筋麵粉等粉類；接著是為了增加濃稠感，蛋黃的用量是一般的1.5倍；為了增加圓潤感而加了奶油。於是這款奶油餡的質地濃郁，但入口即化，相當清爽。

夾在塔中間、厚度1cm的巧克力蛋糕，目的是為了避免塔的味道過於單調，並且營造出分量感，不過這也是在整體平衡的考量下所做的設計。

「這個比較適合使用直徑7cm×高1cm的塔圈，或者是做成一整模，但其實尺寸再大一點也沒關係，因為卡士達奶油餡和蘋果這個組合就夠好吃了。」

長岡主廚做過煮蘋果、煎蘋果、將蘋果放進杏仁奶油餡中烘烤等各式各樣的蘋果塔，但這次是以塔皮、奶油餡和蘋果這種組合簡單的派塔來吸引饕客。

「客人不是那麼好騙的，所以很難。」長岡主廚說：「如果客人吃完後，即使肚子飽了都還能說：『我還好想再吃一個啊！』就太棒了。雖然很難，但我會繼續朝這個目標努力，不斷研發出新產品的。」

Pâtisserie et les Biscuits
UN GRAND PAS

店東兼甜點主廚　丸岡 丈二

雪堤塔

塔的千變萬化

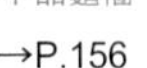

時令水果塔
＊甜麵糰
→P.156

檸檬塔
＊甜麵糰
→P.158

洋梨塔
＊甜麵糰
→P.159

葡萄柚塔
＊甜麵糰
→P.161

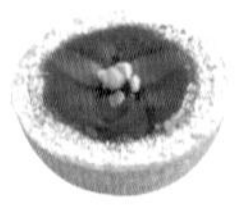

杏仁塔
＊甜麵糰
→P.167

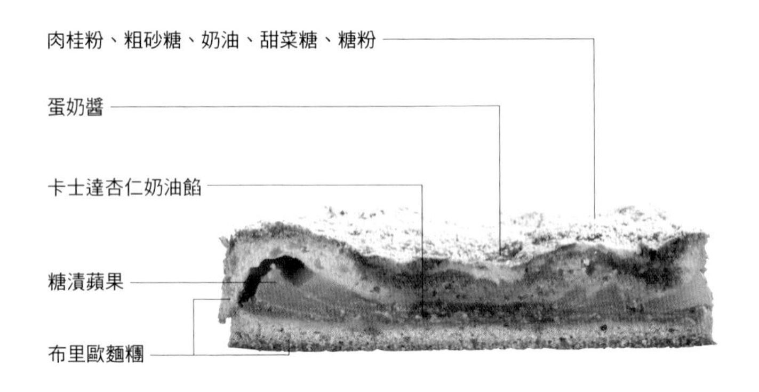

「雪堤」（Ch'tis）是法國的北方人或北方地區的總稱。丸岡丈二主廚在北法的阿拉斯城邂逅一款叫做「阿拉喬瓦斯」的塔後，就將它改良成這款以布里歐麵糰和甜菜糖為特色的「雪堤塔」。在覆蓋於表面的麵糰上塗一層蛋奶醬，再撒上粗砂糖和甜菜糖烘焙而成，因此可以品嚐到豐富的砂糖口感與濃郁香氣。

塔皮

使用高筋麵粉與100％法國產的麵粉做成布里歐麵糰，再擀成厚度5mm。奶油和蛋的用量多，而且讓它發酵，因此口感輕盈、入口即化。

模型尺寸：直徑15cm×高4.5cm

可同時品嚐砂糖芳香與濃郁的
布里歐麵糰做成的塔

雪堤塔

1500日圓（含稅）
供應期間　全年

雪堤塔

布里歐麵糰

◆直徑15cm×高4.5cm的空心模 2模分

快發乾酵母……6.8g
全蛋……46g
鹽……3.2g
高筋麵粉（日清製粉「SUPER CAMELLIA」）……78g
中筋麵粉（日清製粉「TERROIR Pur」）……78g
細砂糖……28g
水飴……6.4g
無鹽奶油（高梨乳業）……86g

1. 將少許砂糖、快發乾酵母，放進50g、約40℃的開水裡，攪拌均勻，然後靜置10分鐘左右（開水和砂糖皆適量）。
2. 攪拌盆中放入**1**和全蛋、鹽巴，然後放進過篩混合好的高筋麵粉、中筋麵粉、細砂糖、水飴，用麵糰勾揉麵。
3. 將奶油放進**2**中，揉麵。用兩手拿出一部分麵糰觀察，當出現筋膜且呈透明感時，就表示麵糰揉好了。
4. 像要將表面伸展開來似地，將麵糰整理成圓形，放進鋼盆裡，用保鮮膜封住，放進冰箱冷藏1晚，使之發酵。

卡士達杏仁奶油餡

◆1模分

卡士達奶油餡＊1……40g
杏仁奶油餡＊2……40g
肉桂粉……3g
密斯卡岱（Muscadet）白葡萄酒……0.5g

＊1 卡士達奶油餡
（備用量）
牛奶……1000g
香草豆莢……1根
蛋黃……10個
細砂糖……250g
高筋麵粉（日清製粉「SUPER CAMELLIA」）……100g
無鹽奶油（高梨乳業）……100g

1. 鍋中放入牛奶。切開香草豆莢，刮出裡面的香草豆，然後連同豆莢一起放進鍋中煮沸。
2. 鋼盆中放入蛋黃，用打蛋器打散，再放入細砂糖，攪拌至泛白為止。
3. 將過篩好的高筋麵粉放進**2**中，拌勻。
4. 將一部分的**1**放進**3**中，攪拌，再將剩下的**1**全部放進去，拌勻後用濾網濾回鍋中。
5. 以中火加熱，用打蛋器不斷攪打，不要煮到燒焦。一邊攪拌一邊加熱，待呈滑溜狀態後，將奶油放進去，充分攪拌。
6. 將**5**倒進方形平底盤中，倒成薄薄一層，然後放進冰水中快速冷卻。表面用保鮮膜封住，放進冰箱冷藏。

＊2 杏仁奶油餡
（備用量）
無鹽奶油（高梨乳業）……250g
杏仁糖粉
- 杏仁粉……250g
- 細砂糖……250g

全蛋……4個

1. 將杏仁糖粉放入呈髮蠟狀的奶油中，用打蛋器攪拌。
2. 將蛋分3～4次放進去，攪拌到稍微發泡。每一次把蛋放進去，都要確實攪拌均勻後，才能繼續把蛋放進。

1. 將40g的卡士達奶油餡和40g的杏仁奶油餡混合，將肉桂粉和密斯卡岱酒放進去，充分攪拌。

蛋奶醬

◆1模分

無鹽奶油（高梨乳業）……20g
雙倍奶油（高梨乳業）……30g
卡士達奶油餡（參考「卡士達杏仁奶油餡」）……30g
甜菜糖……20g

1. 奶油回軟至呈髮蠟狀，再將攪軟的雙倍奶油和卡士達奶油餡放進去，用橡皮刮刀攪拌。
2. 將甜菜糖放進去，充分拌勻。

糖漬蘋果

◆1模分

蘋果……1個
A
- 水……500g
- 細砂糖……250g
- 檸檬汁……1/2個分
- 肉桂枝……1/2根
- 八角……約1g

1. 蘋果去皮、去果核，呈放射狀縱切成薄片。
2. 將A煮沸。蘋果放進去後，用極小火熬煮，不要煮沸。
3. 蘋果煮熟後，移到鋼盆中，用保鮮膜包起來，在常溫中放置1晚。

鋪塔皮與烘焙

肉桂粉……適量
粗砂糖……適量
無鹽奶油（高梨乳業）……適量
甜菜糖……適量

1. 將發酵1晚的布里歐麵糰分割成80g一份。
2. 用擀麵棍擀成厚度5mm、直徑15cm。這種塔皮一模要使用2張。
3. 將卡士達杏仁奶油餡塗在一片塔皮上，放進35℃的發酵箱中，約發酵30分鐘。
4. 將**3**鋪進直徑15cm×高4.5cm的空心模中，再將糖漬蘋果平均地放進去。
5. 用另一塊塔皮蓋上去，在表面均勻塗上蛋奶醬。均勻地撒上肉桂粉和粗砂糖，再平均地撒上切碎的奶油。均勻撒上甜菜糖。
6. 放進上火230℃、下火220℃的烤箱中，烤20～30分鐘。再繼續以180℃的對流烤箱烤20～30分鐘。

完成

純糖粉……適量

1. 待塔放涼後，在表面撒上純糖粉。

充分運用甜菜糖的獨特風味

丸岡丈二主廚在東京的「Au Bon Vieux Temps」磨好技藝後就遠赴法國，在法國的「Stohrer」修業。當時，他在法國北部的阿拉斯城吃到一款當地的鄉土甜點「阿拉喬瓦斯塔」，這是一款披薩型且非常樸素的發酵甜點，做法是在布里歐麵糰上塗奶油，然後撒上甜菜糖或是黑砂糖烘焙而成。

丸岡主廚說：「它的外觀很樸素，但味道有深度，我覺得非常好吃。」於是他加以改良，將卡士達杏仁奶油餡、使用了甜菜糖的蛋奶醬、糖漬蘋果組合起來，然後取名為「雪堤塔」。

法國是甜菜糖的一大產地，北法地區更是特產甜菜糖。由於它比砂糖的精製度低，具有獨特的風味與色澤，用來嫩煎蘋果或洋梨特別好吃。

想要讓瑪德蓮蛋糕等燒菓子更有個性的話，就可以將細砂糖用量的2到3成替換成甜菜糖。

丸岡主廚將奶油和鮮奶油以乳酸菌發酵後質地濃郁的雙倍奶油，以及卡士達奶油餡、甜菜糖混合做成蛋奶醬，然後塗在塔皮上，這麼一來，原本樸素的鄉土甜點，就變身成味道豐富的派塔了。

將布里歐麵糰冷藏發酵，令風味更佳

「這個塔的特色在於，製作出二片同樣厚度與大小的塔皮，也就是塔台和覆蓋在上面的塔皮都是使用布里歐麵糰。」丸岡主廚說的沒錯，這款「雪堤塔」的確整個都是由布里歐麵糰做成的。

配方很豐盛，使用等比例的高筋麵粉和風味絕佳的法國產百分之百小麥做成的麵粉，再放進超過麵粉一半分量的奶油。布里歐麵糰這類配方豐盛的麵糰，冷藏發酵很有效果，和一般的發酵不同，它能製造出更多酯類的香氣成分，因此風味更足。

將放進冰箱冷藏一晚而一次發酵的麵糰分割成80公克一份，每一模須準備兩份。一邊轉動麵糰，一邊用擀麵棍施力均等地擀成厚度5㎜、直徑15㎝的塔皮，其中一片塔皮上均勻地塗一層卡士達杏仁奶油餡，再用35度的發酵機約發酵30分鐘。

這裡的卡士達杏仁奶油餡，在混合卡士達奶油餡和杏仁奶油餡的階段時，放進了肉桂粉和密斯卡岱酒來增添風味。

二次發酵後，將塔皮鋪進直徑15㎝的空心模中，然後放進糖漬蘋果。糖漬蘋果的做法是，先用與蘋果極搭的肉桂以及擁有獨特甜香的八角等煮成糖漿，再將蘋果放進糖漿中熬煮而成。

在糖漬蘋果上面放另一張塔皮，接下來的步驟全是丸岡主廚獨創的，令人眼睛一亮。在塔皮表面塗上蛋奶醬，均勻地依序撒上肉桂粉、粗砂糖，再於幾個地方放上切碎的奶油，然後均勻撒上甜菜糖再烘烤。

「由於是布里歐麵糰，所以要烤到可以整個拿起來的程度。」方法是放進上火230度、下火220度的烤箱中烤20分鐘，再繼續放進180度的對流烤箱中烤20到30分鐘。

烤好後，表面的砂糖和奶油會燒焦而有焦糖似的甜香，也會飄出甜菜糖特有的萊姆酒香，粗砂糖未完全溶化的顆粒口感也很棒。放涼後，在表面撒上大量糖粉。

「純糖粉沒有添加物，不但味道好，看起來也不一樣，會有用純糖粉做出來的特有表情。」

總之，這是一款充分在砂糖的滋味、濃郁、香氣、表情上下工夫並真正以砂糖為主角的塔。

ARCACHON

店本兼主廚　**森本 慎**

阿爾卡雄夫人

塔的千變萬化

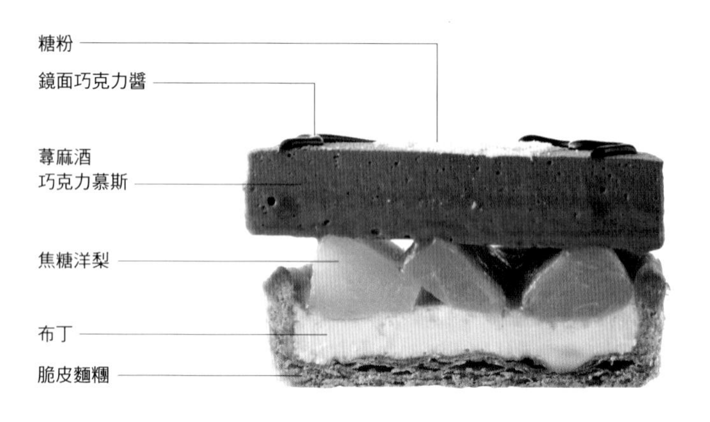

在加了全麥麵粉來提升風味與口感的脆皮麵糰中填入布丁，再擺上口味相搭的焦糖化洋梨，最後疊上一層以香草利口酒「蕁麻酒」增添風味的巧克力慕斯。雖然味道豐富且香氣交錯，但外型非常簡潔而別緻，高雅的成熟感吸引饕客注目。

塔皮

使用脆皮麵糰，裡面加了以石臼研磨的全麥麵粉，因而風味與沙沙口感都更為突出。為了增加烤色而在麵糰裡加了少量砂糖，並不甜，卻可以為其他材料提味。

模型尺寸：直徑7cm×高1.6cm

微微散發藥草酒香
適合大人品嚐

阿爾卡雄夫人

450日圓（未稅）
供應期間　全年

阿爾卡雄夫人

脆皮麵糰

◆直徑7cm×高1.6cm的塔圈 100個分

無鹽奶油（高梨乳業）…………750g
低筋麵粉（日清製粉「VIOLET」）…………900g
全麥麵粉（熊本製粉「石臼研磨國產全麥麵粉CJ-15」…………100g
鹽…………20g
細砂糖…………15g
牛奶…………200g
蛋黃…………40g

1. 奶油切成適當大小後冷藏，低筋麵粉和全麥麵粉預先過篩混合。
2. 攪拌盆中放入1、鹽巴和細砂糖，以低速攪拌至會一滴一滴落下來的狀態。
3. 將牛奶和蛋黃放進去，用電動攪拌器攪拌到形成麵糰。用塑膠袋包住麵糰，放進冰箱冷藏1晚。

布丁

◆16個分

47%鮮奶油…………450g
香草豆莢…………1/4根
蛋黃…………80g
細砂糖…………50g

1. 將切開香草豆莢所刮出來的香草豆，連同豆莢一起放進鮮奶油中，煮沸。
2. 將蛋黃和細砂糖攪拌到泛白為止。將1放進去，攪拌，用濾網過濾。

焦糖洋梨

◆20個分

糖漬洋梨（對切的切片）…………10個
細砂糖…………適量
無鹽奶油…………適量
威廉斯梨甜酒…………適量

1. 將糖漬洋梨呈放射狀縱切成6等分，一共切成60片。
2. 鍋中放入細砂糖和奶油，煮成焦糖。
3. 將1放進2中，均勻裹上焦糖，然後將威廉斯梨甜酒放進去，加熱。

蕁麻酒巧克力慕斯

◆直徑7cm×高1.5cm的模型 90個分

35%鮮奶油…………1700g
牛奶…………800g
蛋黃…………320g
細砂糖…………160g
吉利丁片…………9g
60%巧克力…………860g
綠蕁麻酒…………150g

1. 鍋中放入800g鮮奶油和牛奶，煮沸後熄火。
2. 鋼盆中放入蛋黃和細砂糖，用打蛋器攪拌至泛白為止。
3. 將1放進2中攪拌，倒回1的鍋子裡，再度加熱。用打蛋器持續攪拌以免燒焦，加熱至82℃後熄火。
4. 將預先用水泡軟的吉利丁瀝乾水氣後放進3中，攪拌均勻。
5. 鋼盆中放入巧克力，再將4過濾進去，同時拌勻。放進綠蕁麻酒來增添風味。將鋼盆放進冰塊中，冰鎮至20～25℃。
6. 將打至七分發泡的900g鮮奶油放進5中，拌勻。烤盤鋪上玻璃紙，放上模型。將慕斯倒滿模型，放進冰箱冷凍使之凝固。

鋪塔皮與烘焙

蛋汁（全蛋打散）…………適量

1. 用壓麵機將脆皮麵糰壓成厚度2mm，用10號模型割出塔皮。
2. 烤盤上放直徑7cm×高1.6cm的模型，然後將1一個個緊密地鋪進去，切掉多餘的塔皮後，放進冰箱冷藏至確實變冷。
3. 再一次將塔皮完全貼緊模型，然後鋪上烘焙紙，再均勻地鋪上塔石。放進180℃的對流烤箱中，打開調節閥，烤20分鐘後，拿掉烘焙紙與塔石。
4. 在內側塗上蛋汁，放進180℃的烤箱中烘乾2～3分鐘。

組合與完成

◆1個分

焦糖洋梨…………3片
巧克力噴霧（CACAO BARRY公司「Glace Fondant」）…………適量
防潮糖粉…………適量
鏡面巧克力醬…………適量
金箔…………適量

1. 將布丁倒進空燒好的脆皮麵糰至2/3滿，放進180℃的對流烤箱中烤15分鐘。
2. 稍微散熱後，一個1的上面放進3片焦糖洋梨。
3. 將蕁麻酒巧克力慕斯從模型上取下來，噴上巧克力噴霧。隔著模型紙撒上防潮糖粉，用裝進圓錐型紙袋的鏡面巧克力醬描繪圖案，再裝飾金箔，放在2上面。

用洋梨的清涼感引出巧克力與藥草酒的風味

森本慎主廚於日本國內數家甜點坊累積經驗後遠赴法國。在波爾多地區一帶工作約3年，２００５年回到日本開設「ARCACHON」。據說店名是森本主廚之前在法國工作的波爾多地區一個小小的港城，對他而言別具意義。

一如店名取得如此慎重，這回要介紹的塔，也是森本主廚的得意作品「阿爾卡雄夫人」。

「在日本並不常見，但我在法國修業期間倒是經常看到，在餐廳或酒吧，很多人把巧克力當下酒菜，一邊喝干邑白蘭地或白蘭地，一邊吃巧克力。」森本主廚表示，用餐後喝著蕁麻酒配巧克力並不稀奇。

蕁麻酒是從法國的卡爾特教會流傳出來的一種藥草酒。詳細的製作方法是教會的祕密，並不外傳，主要是以白蘭地為基底，在其中加入一百三十種藥草放進酒桶熟成，有「利口酒女王」之稱。

將蕁麻酒與巧克力搭配起來做成甜點，經過不斷試做的結果，終於誕生這款「阿爾卡雄夫人」。

蕁麻酒可分為綠蕁麻酒和黃蕁麻酒兩大類，森本主廚選用了偏辣且帶豐富藥草香的綠蕁麻酒。而為了與之搭配，嘗試過各種巧克力，終於找到可可香氣突出且有適度苦味的巧克力。

巧克力慕斯是先做成英式奶油醬，然後放進吉利丁溶化，再放進甘納許中，然後冰鎮散熱。不過，要是冰得過久就會偏硬，宜冰到還沒完全凝固，約20到25度最恰當，此時正好鬆鬆軟軟得入口即化，最為美味。

「只有塔皮加巧克力這樣簡簡單單的塔也不錯，但我想它應該跟多汁的洋梨很搭。」於是森本主廚加進了洋梨的清涼感和口感，當巧克力慕斯入口即化時，苦味和酸味，以及利口酒的香氣就更突出了。

不僅如此，洋梨還裹上焦糖，並且用威廉斯梨甜酒煮過；而塔皮裡放進了與這種洋梨極搭的布丁，因此也可同時品嚐到布丁特有的圓潤口感。

用心將塔皮烤出沙沙感

森本主廚認為「麵糰是甜點的命」。塔台不是單純裝蛋奶醬或慕斯的容器而已，它的味道與口感必須與整體取得平衡。

這款塔採用沒有甜味而能襯托出其他餡料的脆皮麵糰。為了做出像派麵糰那樣的沙沙口感，就不能讓麵糰發黏，因此材料要全部先冰過，混合好和鋪進塔模後，也都必須確實放進冰箱冷藏。

鋪完塔皮且冰過後，要再一次仔細將塔皮確實緊貼塔模，這樣才能烤出完美的塔台來。

塔皮的厚度為２㎜，能與其他部分取得平衡且口感恰好。最好能烤出均勻的褐色，因此過程中必須時時確認烘烤狀況，如果烤色不均，就將烤盤前後方向對調。烤好後要放進布丁，因此須塗上防潮的蛋液（全蛋），再放進烤箱烘乾２到３分鐘。

「為了展現優雅，必須組合出俐落感，畢竟名字當中放了優雅的『夫人』兩字。」整體呈現巧克力色和膚色，是一款受到大人、尤其是女性饕客青睞的派塔。

Pâtisserie Française
Yu Sasage

店東兼甜點主廚　**捧 雄介**

香水

捧雄介主廚致力於將素材的芳香表現出來，這款「香水」就是希望展現玫瑰利口酒的芬芳。在甜麵糰裡放進伯爵茶葉，再放進卡士達杏仁奶油餡烘烤，淋上玫瑰糖漿。除了果凍、奶油餡、蛋白霜之外，還能品嚐到玫瑰的芳馥與覆盆子的美味，相當豐富，宛如享用一朵盛開的玫瑰。

塔皮

使用壓成厚度2mm、口感酥脆的甜麵糰。麵糰裡放進添加了伯爵茶粉的卡士達杏仁奶油餡。最後再淋上香氣奪人的玫瑰糖漿。

模型尺寸：直徑6cm×高1.5cm

塔的千變萬化

麝香晴王葡萄塔
＊甜麵糰

→P.157

檸檬塔
＊甜麵糰

→P.158

杏桃塔
＊脆皮麵糰
→P.170

葡萄塔
＊脆皮麵糰
→P.172

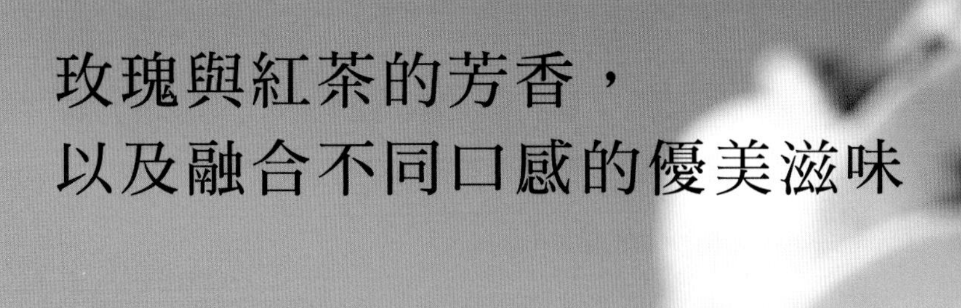

玫瑰與紅茶的芳香，
以及融合不同口感的優美滋味

香水

470日圓（含稅）
供應期間　全年

香水

甜麵糰

◆直徑6cm×高1.5cm的空心模　約200個分

A
- 無鹽奶油（四葉乳業）……2240g
- 低筋麵粉（日清製粉「VIOLET」）……3200g
- 糖粉……1200g
- 香草糖……48g
- 鹽……32g
- 杏仁粉……400g

全蛋……640g

1. 攪拌盆中放入A，用刮板在粉類中將奶油切成細粒狀後，與粉類一起攪拌均勻。
2. 將打散的全蛋放進去，用麵糰勾充分拌勻。
3. 待粉類差不多成團後，用刮板整理成形，不要讓它發黏，然後用塑膠袋包起來，放進冰箱冷藏約1小時。

紅茶卡士達杏仁奶油餡

◆完成量5000g（每1個使用25g）

卡士達杏仁奶油餡
- 無鹽奶油（四葉乳業）……900g
- 糖粉……900g
- 全蛋……900g
- 杏仁粉……900g
- 低筋麵粉（日清製粉「VIOLET」）……150g
- 卡士達奶油餡*……720g
- 黑蘭姆酒（NEGRITA）……75g

紅茶粉（伯爵茶）（每200g卡士達杏仁奶油餡）……3g

*卡士達杏仁奶油餡
（備用量）

牛奶……1000g
香草豆莢……1根
蛋黃……75g
細砂糖……300g
高筋麵粉（日清製粉「CAMELLIA」）……75g

1. 鍋中放入牛奶和香草豆莢，煮到快沸騰時熄火。
2. 蛋黃和細砂糖充分拌勻，再將過篩好的高筋麵粉放進去攪拌。將1倒進去攪拌，再倒回1的鍋子裡，再次加熱。
3. 用刮刀持續攪拌2，不要讓它燒焦。倒進放在冰水中的方形平底盤，表面用保鮮膜封住，待稍微散熱後，放進冰箱冷藏。

1. 製作卡士達杏仁奶油餡。在呈髮蠟狀的奶油中放進糖粉，用打蛋器攪拌。
2. 將打散的全蛋分數次放進1中攪拌。每次把蛋放進去後都要確實攪拌，才能繼續把蛋放進去，攪拌至呈滑順狀態。
3. 將過篩混合好的杏仁粉和低筋麵粉放進去，攪拌均勻。
4. 放進攪軟的卡士達奶油餡，拌勻，加進萊姆酒增添風味，卡士達杏仁奶油餡就完成了。
5. 將紅茶粉放進4中，充分攪拌均勻。

覆盆子果凍

◆直徑3cm的半球形烤模　70個分

覆盆子果泥……500g
細砂糖……90g
吉利丁片……12g
玫瑰利口酒（「Gilbert Miclo」公司）……100g

1. 容器裡放入覆盆子果泥和細砂糖，用微波爐加熱約2分鐘，加熱到40～45℃。
2. 將用水泡軟的吉利丁放進1中，使之完全溶化。
3. 將容器放進冰水中冰鎮，再把玫瑰利口酒放進去，拌勻。

覆盆子奶油餡

◆直徑3cm的半球形烤模　70個分

覆盆子果泥……180g
無鹽奶油（四葉乳業）……210g
全蛋……140g
細砂糖……130g
吉利丁片……5.2g

1. 鍋中放入覆盆子果泥和奶油，煮沸。
2. 全蛋和細砂糖攪拌均勻後，將1一點一點放進去，同時拌勻。
3. 將2倒回1的鍋子裡，一邊攪拌一邊以小火煮沸，煮至呈滑順狀態為止。
4. 熄火後，將泡軟的吉利丁放進去，用手持電動攪拌棒攪拌至完全乳化，再將鍋子放進冰水中冰鎮。

玫瑰蛋白霜

◆5個分

糖漿
- 覆盆子果泥……12g
- 水……20g
- 細砂糖……60g

蛋白……50g
細砂糖……10g
玫瑰利口酒（「Gilbert Miclo」公司）……8g
樹莓果醬（「Hero」公司）……6g

1. 鍋中放入覆盆子果泥、水、細砂糖，用小火熬煮至115℃。
2. 蛋白和細砂糖充分打至發泡後，將1一點一點放進去，同時充分打發。
3. 鋼盆中放入玫瑰利口酒和樹莓果醬，再放進稍微散熱後的2，放進100g，用橡皮刮刀拌勻。

玫瑰糖漿

◆容易製作的分量

糖漿（Brix30%）……50g
玫瑰利口酒（「Gilbert Miclo」公司）……50g

1. 材料全部混拌均勻。

覆盆子果醬

◆約100個分

細砂糖……300g
果膠……3.6g
覆盆子（冷凍）……400g
水飴……48g

1. 取一部分的細砂糖（適量），再加進果膠，充分攪拌。
2. 鍋中放入細砂糖、覆盆子、水飴，加熱並同時攪拌，不要煮到燒焦。煮到60℃後，將1放進去，邊攪拌邊煮到Brix60%為止。

鋪塔皮與烘焙

1. 將鬆弛1小時的甜麵糰用壓麵機壓成厚度2mm，再用直徑9cm的模型割出塔皮。
2. 將1鋪進直徑6cm×高1.5cm的空心模中，放進冰箱冷藏約30分鐘。用奶油刀切掉塔圈上多餘的塔皮。
3. 擠出25g的紅茶卡士達杏仁奶油餡放進2中，用180℃的烤箱烤25分鐘。
4. 將3上下顛倒放在烤盤墊上30分鐘～1小時，待稍微散熱後，再上下翻回來。

組合與完成

◆1個分

整顆覆盆子（冷凍）……1個
野草莓（冷凍）……1個
凍乾覆盆子……適量

1. 直徑3cm的半球形模型中各放一個覆盆子、野草莓，再依覆盆子果凍、覆盆子奶油餡的順序，各倒進10g，放進冰箱冷凍使之凝固。
2. 待塔台稍微散熱後，淋上玫瑰糖漿，塗上覆盆子果醬，然後放上脫模後的1。
3. 在1的周圍，用泡芙專用擠花嘴將玫瑰蛋白霜擠出玫瑰花瓣。用噴火槍將半個蛋白霜燒出焦色，沒有焦色的部分則撒上凍乾覆盆子。

以多層次的香氣與風味來加強印象

「我想做出能刺激五感的塔。」捧雄介主廚說。於是，除了塔的味道、香氣、外型、口感之外，他連叉子插進去、嘴巴咬下去的聲音都考慮到了，就是要做出能讓人類的五感都得到歡愉的甜點。

「美味與口感當然不在話下，我正努力研發，讓嗅覺也獲得滿足。」捧主廚就這樣做出了這款別具玫瑰優雅芬芳的「香水」。而釀出這股香氣的，就是法國阿爾薩斯的知名蒸餾業者「Gilbert Miclo」公司出品的「玫瑰利口酒」。

捧主廚邂逅這款利口酒時，被它散發出來且不嗆鼻的優雅芳香所吸引，決定無論如何都要運用它的魅力，經過一再試做後，終於完成這款「香水」。

「我選用了與玫瑰香氣極搭的覆盆子與紅茶（伯爵）。用同樣材料做出口感不同的各個部分，然後組合起來，剛開始吃的感覺和吃完以後的餘韻重疊，會讓滋味更深邃。」於是使用了兩層覆盆子，一層是入口即化的果凍，一層是滑順的奶油餡。

將果凍和奶油餡倒進半球型的模型中，然後冰起來使之凝固，而且當中還各藏了一顆覆盆子和野草莓，讓味道與口感具有多層次的深度。

塔台裡放進果凍和奶油餡，再用帶玫瑰香氣與覆盆子風味的蛋白霜擠成花瓣一般，覆蓋在周圍。

塔台採用比其他麵糰口感更鬆脆且香氣十足的甜麵糰。然後在具有杏仁的濃郁與卡士達奶油餡的圓潤感的卡士達杏仁奶油餡中，直接放進伯爵茶粉，做成更具香氣的紅茶卡士達杏仁奶油餡，再放進塔台裡烘焙而成。

開業之前，捧主廚曾經在東京四谷的「HOTEL DE MIKUNI」工作，當時的甜點主廚寺井則彥會在卡士達杏仁奶油餡中加進香料或果泥而做出獨創的風味。「加點工，加點味道進去，就能讓甜點展現出期待中的風格，這一點，我是向寺井主廚學來的。」

塔台烘焙完成後，上下顛倒使之乾燥

這款「香水」的塔皮，考量到與紅茶卡士達杏仁奶油餡的平衡、咀嚼時的感覺，甚至是用叉子切開的難易度後，決定做成厚度2mm，讓硬度達到最佳狀態。

店裡的廚房溫度設在25度，而且壓麵機就設在冷氣下方最涼爽的地方。壓麵皮、鋪塔皮時，麵糰的溫度若上升，麵糰就會疲軟，因此必須在短時間內迅速完成。擠進紅茶卡士達杏仁奶油餡後，要確實烘烤出甜麵糰該有的香氣來。不過，若是烤得太過頭，紅茶卡士達杏仁奶油餡會太乾，因此必須不斷注意烘烤狀況並適時調整。

烤好後直接放涼的話，紅茶卡士達杏仁奶油餡裡的水分會變成蒸氣散掉，而且很重要的紅茶香氣也會隨之跑掉。

針對這點，捧主廚想到的散熱方法是，將烤好的塔皮上下顛倒放在烤盤墊上30分鐘到一小時，之後再上下翻過來，於表面淋上玫瑰糖漿。

通常都會烤完趁熱淋上糖漿或利口酒類，使之更容易滲透進去，但捧主廚認為稍微散熱後，塔裡面還保留必要的水分，因此一小時後再淋上糖漿依然可以滲透進去，而且香氣奪人。

五感獲得滿足後，這款「香水」就會在饕客的記憶中持續芬芳。

Pâtisserie chocolaterie Chant d'Oiseau

店東兼主廚　村山 太一

馬提尼克香草塔

這款原創的香草塔，是在表現從鮮奶油和牛奶的奶味中感覺到的香草風味。在以甜麵糰製成的塔台裡，放入牛奶醬和萊姆葡萄乾。上面是凝固成薩瓦蘭蛋糕形狀的香草慕斯，中間是萊姆酒風味強烈的英式奶油醬，令滋味更具魅力。最後放上裝飾巧克力，表現出分量感。

塔皮

採用甜麵糰，並做出粗糙的紋理而有酥脆的口感。塔皮厚度為3mm，如此偏厚的塔台，保形力較佳。

模型尺寸：直徑7cm×高2cm

塔的千變萬化

神祕百香果
＊甜麵糰
→P.159

杏桃塔
＊甜麵糰
→P.161

柳橙巧克力塔
＊甜麵糰
→P.162

米布丁塔
＊千層酥皮麵糰
→P.175

乳製品中散發萊姆酒香，
創造出大人的「香草味」

馬提尼克香草塔

450日圓（含稅）
供應期間　全年

馬提尼克香草塔

甜麵糰

◆直徑7cm×高2cm的塔圈　約400個分

無鹽奶油（高梨乳業）……2700g
細砂糖……1340g
全蛋……450g
A 低筋麵粉（日本製粉「MONTRE」）……4400g
　鹽……10g

1. 攪拌盆中放入恢復常溫的奶油和細砂糖，以低速攪拌，不要拌入空氣。
2. 將打散的全蛋分4次放進1中，同時以低速攪拌。
3. 將混合後過篩的A放進2中，以低速攪拌。拿出攪拌盆，用手將全體拌勻，整理成形後，放進冰箱冷藏1晚。

香草慕斯

◆直徑7cm×高2cm的薩瓦蘭蛋糕模型　80個分

A 38%鮮奶油（高梨乳業）……497g
　牛奶（高梨乳業）……248g
　香草豆莢（切開）……1根
B 加糖蛋黃液……455g
　細砂糖……340g
　香草糖……30g
吉利丁片……18g
Mon Reunion香草（100%天然香草原汁）……20滴
38%鮮奶油（高梨乳業）……1448g
巧克力噴霧（可可奶油：Elishblanc＝2：1）……適量

1. 鍋中放入混合好的A，煮至沸騰之前熄火。
2. 鋼盆中放入B，用打蛋器打到泛白為止。
3. 將1邊攪拌邊一點一點放進2中，然後全體拌勻。
4. 將3放進鍋中，用刮刀邊攪拌邊加熱至83℃呈濃稠狀。放進用冰水泡軟的吉利丁和Mon Reunion香草，攪拌後過濾進鋼盆中。
5. 將八分發泡的鮮奶油放進4中，用橡皮刮刀輕輕攪拌。
6. 將5倒進模型中，急速冷凍。然後脫模，噴霧。

萊姆英式奶油醬

◆約160個分

A 牛奶（高梨乳業）……350g
　38%鮮奶油（高梨乳業）……100g
B 加糖蛋黃液……130g
　細砂糖……70g
　香草糖……20g
吉利丁片……4片
黑萊姆酒（法國產「NEGRITA」）……165g

1. 鍋中放入混合好的A，煮至沸騰之前熄火。
2. 鋼盆中放入B，用打蛋器打到泛白為止。將1一點一點放進去攪拌，倒進鍋中。
3. 加熱2，同時攪拌使呈濃稠狀，熄火。將用冰水泡軟的吉利丁放進去攪拌，完全溶化後過濾。
4. 將萊姆酒放進3中攪拌，稍微散熱。

牛奶醬

◆備用量（1個使用35g）

A 38%鮮奶油……2000g
　牛奶（高梨乳業）……2000g
　細砂糖……500g
　果膠（LM型）……30g
香草豆莢……1又1/3根

1. 鍋中放入切開的香草豆莢，加熱到沸騰之前熄火，放入砂糖和果膠，使之完全溶化。

萊姆葡萄乾

◆備用量（1個使用20g）

葡萄乾（美國產「SUN・MAID」）……5000g
糖漿（萊姆酒2：30波美度糖漿1）……適量

1. 容器中放入洗淨的葡萄乾，再放入糖漿至淹過葡萄乾的高度。醃漬1個月以上。除非冬天，否則要放進冰箱冷藏。

杏仁蛋糕

◆一次可烤6個蛋糕的烤盤　2盤分

A 加糖蛋黃液……533g
　全蛋……557g
　細砂糖……561g
　杏仁粉（西班牙產「MARCONA」種）……256g
　水飴……133g
B 蛋白……745g
　細砂糖……395g
低筋麵粉……720g
C 牛奶（高梨乳業）……160g
　無鹽奶油（已融化／高梨乳業）……66g

1. 攪拌盆中放入A，以中高速攪拌。
2. 另一個攪拌盆中放入B，以高速攪拌，做成蛋白霜。
3. 將2放進1中，用橡皮刮刀輕輕攪拌。在蛋白霜整個拌勻的過程中，依序放進低筋麵粉、C，再用橡皮刮刀輕輕攪拌，不要攪破蛋白霜的氣泡。
4. 將3倒進鋪上烘焙紙的烤盤中，以170℃的烤箱烤10分鐘後，溫度調成160℃，再烤約20分鐘。從烤盤上拿下來，稍微散熱。用直徑5cm的圓形模割出來。

鋪塔皮與烘焙

1. 甜麵糰用壓麵機壓成厚度3mm，用直徑12cm的圓形模割出塔皮。
2. 將1鋪進直徑7cm×高2cm的塔圈中，以170℃的對流烤箱約烤16分鐘，脫模，放在網架上，稍微散熱。

組合與完成

裝飾巧克力……適量
金箔……適量

1. 每一個塔台的底面鋪上35g的牛奶醬，再放上20g的萊姆葡萄乾。
2. 將杏仁蛋糕放在1上面，用手輕輕壓平表面，然後放上香草慕斯，再將萊姆英式奶油醬倒進中間的凹洞裡。
3. 將2放進冰箱冷藏，讓萊姆英式奶油醬冷卻凝固。放進展示櫃之前，再放上裝飾巧克力和金箔。

塔是讓理想的味道更容易展現出來的容器

對村山太一主廚而言，塔就是「讓理想的味道更容易展現出來的容器」，理由是塔皮除了奶油以外，並無其他突出的味道，因此能襯托出上面的素材（主角）。這次介紹的這款「馬提尼克香草塔」，是村山主廚一心一意想做出以香草為主角的產品而誕生的店內招牌甜點。

村山主廚說：「我在設計甜點時很在意『素材感』，要讓人一吃就知道是什麼味道。」這款「馬提尼克香草塔」的設計，就是要讓人一吃，「牛奶的香草風味」便在口中擴散開來。

主要的慕斯部分是用牛奶與38%鮮奶油以一比二的比例調和而成，強調奶味，再以純天然的香草原汁「Mon Reunion香草」來增添自然的甘甜風味。

而且，除了萊姆葡萄乾之外，英式奶油醬中也讓萊姆酒充分發揮效果，因此入口後會留下與香草融合後的餘香，十分怡人。

「馬提尼克香草塔」的塔皮採用甜麵糰。村山主廚心目中的理想塔皮是「有沙沙的口感」，他認為不需要到酥脆的程度，但有點硬度會提升塔皮的美味。而且使用口感粗糙的甜麵糰，可以與上面輕盈的香草慕斯的口感做出區別，吃起來更有意思。

至於塔皮的厚度，村山主廚用得厚一些，是3㎜。由於客人外帶的話，塔難免受到撞擊，厚一點是為了提高塔的保形力。

此外，考量到不少人是白天買回去晚上才吃，因此放置時間也是製作上必須考量的重點，於是嚴選素材，不斷嘗試，力求最佳的製作方法。

這款塔使用的低筋麵粉，就是嚴選出來的。不同廠商、不同種類，麵粉的吸水性和含筋量便不同，口感就有差別。村山主廚最後選上最適合做蜂蜜蛋糕和蛋糕捲的日本製粉「MONTRE」，它的口感最理想。

關於甜麵糰的製作方法，要訣是放進麵粉攪拌時不要搓揉。這是為了製造出粗糙的紋理，才能表現出鬆脆的口感。

「塔皮＝奶油」，鋪塔皮必須迅速完成

在鋪塔皮方面，村山主廚認為「塔皮＝奶油」，因此鋪進塔模的速度要快，不要讓奶油融化。「奶油在25度以上就會融化，為了不讓手溫傳到塔皮上，動作要快，這點比什麼都重要。」塔皮的理想狀態是，用手指按壓後不會凹陷。塔皮一變軟，不但會凹陷，也會難以鋪成一致的厚度。

相反地，如果塔皮太冷，鋪的時候就容易破裂。因此，必須將塔皮放在奶油不會融化的適溫中，並且鋪成一致的厚度。

最後的組合重點是，如果塔的體積小，就用裝飾巧克力等來增加分量感與華麗感。有設計感的外型能提升魅力，擄獲饕客的心。

此外，村山主廚將蛋奶醬倒進塔台時，還考慮到了「取得塔皮、水分之間的平衡。」舉例來說，在奶油餅乾麵糰做成的塔皮中倒進焦糖奶油餡時，居然是先塗上糖漿後再倒進去。

「如果濕氣太少，焦糖會凝固，口感就過硬了。用糖漿來補充水分，會讓口感恰到好處。」村山主廚總是掛念著客人外帶後，塔是否保持一樣的美味，而用心做出口感均衡的派塔。

Pâtisserie La splendeur

店東兼主廚　**藤川 浩史**

番茄白起司塔

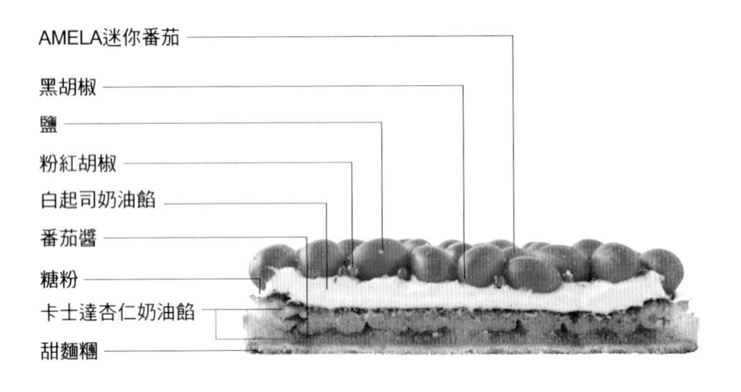

這是以高甜度的「AMELA迷你番茄」為主角的創意派塔。填入甜麵糰裡的卡士達杏仁奶油餡中間，夾了一層番茄醬，烘烤後放上與番茄極搭的奶油起司混合卡士達奶油餡。鋪滿新鮮番茄，這種創新的手法與艷麗的色澤極具魅力。最後撒上鹽巴和兩種胡椒（黑色與粉紅色）來提味。

塔的千變萬化

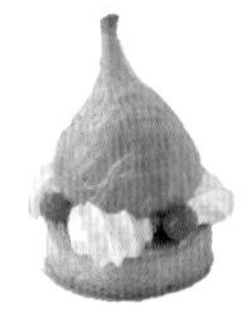

百香果無花果塔
＊甜麵糰
→P.160

焦糖巧克力果仁糖塔
＊甜麵糰
→P.162

紅酒水果塔
＊甜麵糰
→P.166

塔皮

使用入口即鬆散開來的甜麵糰。烤到確實上色來表現酥脆的口感。鋪進塔模後，就倒入蛋奶醬再烘焙。

模型尺寸：直徑18cm×高2cm

用塔這個「容器」
將番茄與白起司連結起來

番茄白起司塔

5000日圓（含稅）
供應期間　不定期

番茄白起司塔

甜麵糰

◆直徑18cm×高2cm的塔模　2～3模分

無鹽奶油（四葉乳業）…………135g
糖粉…………85g
全蛋…………45g
杏仁粉（西班牙產）…………28g
低筋麵粉…………225g

1. 攪拌盆中放入恢復常溫的奶油和糖粉，攪拌。
2. 將打散的全蛋分3次放進**1**中，以中速攪拌。
3. 將杏仁粉放入**2**中，以中速攪拌。
4. 將**3**從攪拌機中拿出來，將過篩好的麵粉全部放進去，用手攪拌到看不見粉狀為止，然後整理成形。用手壓成厚度2cm後，放進冰箱冷藏1晚。

卡士達杏仁奶油餡

◆約2模分

無鹽奶油（四葉乳業）…………100g
糖粉…………100g
全蛋…………100g
A
- 杏仁粉（西班牙產）…………100g
- 低筋麵粉…………16g

卡士達奶油餡＊…………200g

＊卡士達奶油餡
（用量）
A
- 牛奶（明治乳業）…………250g
- 香草豆莢…………1/4根

B
- 蛋黃…………60g
- 細砂糖…………70g

鮮奶油粉…………30g
無鹽奶油（四葉乳業）…………25g

1. 鍋中放入A，煮到沸騰之前熄火。
2. 鋼盆中放入B，用打蛋器打到泛白為止。再將鮮奶油粉放進去攪拌。
3. 將**1**一點一點放進**2**中，同時攪拌。再次倒進鍋中，用打蛋器持續攪拌並煮沸，煮到呈濃稠狀後熄火。
4. 將奶油放進**3**中攪拌，然後用濾網濾進方形平底盤稍微散熱。

1. 攪拌盆中放入奶油，攪拌至呈滑順狀態。
2. 將糖粉全部放進**1**中，以中速拌勻。
3. 將打散的全蛋分3次放進**2**中，同時以中速攪拌。
4. 將混合過篩好的A放進**3**中，以中速攪拌。
5. 用另一個攪拌盆將卡士達奶油餡攪軟，再將一部分的**4**放進去攪拌。
6. 將**5**的麵糰放回**4**的攪拌盆中，以中速攪拌，然後從攪拌機取出來，將麵糰整理成形，放進冰箱冷藏1晚。

番茄醬

◆1模分

番茄（完全成熟）…………150g
A
- 巴糖醇…………50g
- 細砂糖…………25g
- 檸檬草（新鮮的）…………4g

檸檬汁…………適量

1. 去掉番茄蒂，細切成約2cm的小丁狀。
2. 鍋中放入**1**的番茄、A，用大火一口氣煮出濃度（Brix58%）。
3. 將檸檬汁放入**2**中攪拌，再倒進另一個容器，稍微散熱，然後拿掉檸檬草。

白起司奶油餡

◆1模分

天然奶油起司（法國燈塔奶油乳酪「Le Gall」）…………90g
卡士達奶油餡（參照「卡士達杏仁奶油餡」）…………90g
琴酒…………2g

1. 攪拌盆中放入奶油起司，以中高速充分攪拌至呈滑順狀態。
2. 將攪軟的卡士達奶油餡、琴酒放入**1**中，以中高速充分攪拌至柔勻狀態。

鋪塔皮與烘焙

琴酒（合同酒精「Neptune」）
…………1模放25g

1. 將甜麵糰用壓麵機壓成2.5mm，用直徑25cm的空心模割出塔皮。
2. 將**1**鋪進直徑18cm×高2cm的塔模中。套上圓形擠花嘴的擠花袋中放入卡士達杏仁奶油餡，每1模擠進130g。放上番茄醬，均勻抹平，再次擠進卡士達杏仁奶油餡，每1模擠進140g。
3. 放進上下火皆為200℃的烤箱中，約烤30分鐘。脫模後放在網架上，趁熱用毛刷塗上琴酒。稍微散熱。

組合與完成

AMELA迷你番茄…………適量
粉紅胡椒（整顆）…………適量
糖粉…………適量
鹽（法國給宏德產「鹽之花」）
…………適量
黑胡椒（粗粒）…………適量

1. 將圓形擠花嘴（直徑1cm）裝進擠花袋中，再裝進白起司奶油餡。
2. 在烤好的塔台中，由中央往旁邊擠上**1**，擠成漩渦狀。再撒上粉紅胡椒，塔台邊緣則撒上糖粉。
3. 在**2**的上面鋪滿AMELA迷你番茄，然後均勻地撒上鹽巴、黑胡椒和粉紅胡椒。

為發揮番茄的個性 而使用塔

藤川浩史主廚表示，這款「番茄白起司塔」上面的「AMELA迷你番茄」，是他3、4年前在蔬菜店看到的。它的特色在於除了番茄特有的風味外，甜度非常高，但不會過甜，還有剛剛好的酸味。

藤川主廚為這種番茄的美味所折服，想做出以它為主角的甜點，最後選擇了「塔」。

「如果在慕斯上面放新鮮的番茄，慕斯的味道會蓋過它。塔的話，塔皮的味道不會搶先出來，所以能確實展現番茄的風味。」此外，白起司奶油餡中使用了法國燈塔奶油乳酪「Le Gall」。

它濃厚的奶味與番茄的甜和酸都極搭，因此一如義大利料理的「卡布里沙拉」般，只有番茄搭起司就非常美味了，但藤川主廚還在白起司奶油餡中放進了卡士達奶油餡，讓它更甜更入口即化，也就更像甜點了。

「番茄白起司塔」的塔台採用甜麵糰。藤川主廚理想中的甜麵糰是具有沙沙的口感，而且入口就會鬆散開來。

要做出這樣的口感，就得在麵糰的混合方式上下工夫。混合材料時，不要搓揉，不要讓麵糰生筋，才能做出蓬鬆的口感。此外，確實烘烤就能提升酥脆度。烤到充分上色也會提高香氣，令滋味更難忘。

鋪塔皮的要訣是，將多餘的塔皮往裡面折

鋪塔皮有兩個要訣。一個是讓側面稍厚。由於上面要放約60顆番茄，因此側面須做出約5mm的厚度，讓塔台更堅固、更有保形力。第二個要訣是鋪塔皮時，模型上面多出來的部分不要折到外面，而是朝裡面壓進去。

用直徑25cm的塔皮鋪進直徑18cm的塔模，多餘的部分就用手指往裡面壓進去，讓模型的邊角都確實鋪到足夠的塔皮。

此外，關於塔皮的厚度，據說只要是小糕點就會做得薄一點。以「番茄白起司塔」為例，當成餐後甜點時，厚度會做成2.5mm，但獨立成為一個小糕點時，就會做成1.7mm。因為餐後甜點是切片享用的，而一個小糕點就是一個塔，它的塔皮比例比較多，因此要做得薄一點。總之，必須考量入口的容易度與滋味的平衡，來調節塔皮的厚度。

不僅如此，最後完成「番茄白起司塔」時，藤川主廚還是有他的堅持。

「在上面撒鹽巴時，有的地方要多、有的地方要少。這樣的玩心創造出『動態的滋味』，第一口和第二口的味道不同，能讓人吃得『津津有味』。」藤川主廚表示，當成餐後甜點切片時，只要每一片的鹽巴用量相同，不撒得那麼均勻也沒關係。

主廚將這樣的玩心表現成「輕鬆」，讓我們見識到，做甜點也要保有不拘泥成見的靈活性。

「我認為塔就是基本的傳統法式甜點，將塔台當成容器來盛裝餡料後烘焙而成。」藤川主廚說。以「紅酒水果塔」（參考166頁）來說，就是將果乾用紅酒、砂糖等煮過並調味後，再放進塔台裡烘烤而成。

而填入塔台的水果等餡料，有些經過糖煎、有些經過熬煮，就是主廚的特色了。運用傳統手法之餘，也要重視品嚐的樂趣來創作出正統的派塔。

Pâtisserie L'abricotier

店東兼主廚　佐藤 正人

菠蘿吉布斯特

塔的千變萬化

紅色水果塔
＊甜麵糰
→P.157

席耶拉（Sierra）
＊甜麵糰
→P.158

柑橘塔
＊甜麵糰
→P.161

蜜魯立頓塔
＊甜麵糰
→P.167

媽咪塔
＊千層酥皮麵糰
→P.174

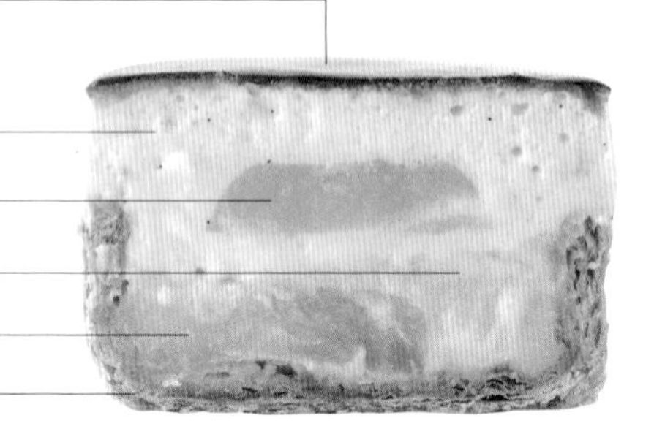

選用菠蘿（鳳梨）當素材，運用它的酸味，讓清爽和融化於喉間的感覺成為特色，是一款適合夏天享用的吉布斯特。在加了椰子果醬的千層酥皮麵糰做成的塔台中，藏著新鮮鳳梨，充分發揮它的酸味。而吉布斯特奶油餡使用脫脂牛奶，因此有奶味卻減少了脂肪，餘味清爽。

塔皮

將千層酥皮麵糰快速鋪進塔模，做出俐落的口感。而且確實烤到上色，才能帶出香酥口感與香氣。空燒後倒進蛋奶醬，再次烘焙。

模型尺寸：直徑6.5cm×高2cm

鳳梨的酸搭上椰子風味，
充滿南國想像的吉布斯特

菠蘿吉布斯特

450日圓（含稅）
供應期間　7～9月

菠蘿吉布斯特

千層酥皮麵糰

◆直徑6.5cm×高2cm的塔圈　約180個分

高筋麵粉……………………1200g
低筋麵粉……………………800g
無鹽奶油（明治乳業）…………200g
A
水……………………800g
鹽……………………40g
醋……………………100g
無鹽奶油（明治乳業）………1600g

1. 混合高筋麵粉和低筋麵粉後，過篩。
2. 將融化的奶油（200g）放入1中，充分攪拌。
3. 將A混合好先冰起來，然後一點一點放進2的中間，攪拌後整理成形。用保鮮膜封住，放進冰箱冷藏2小時以上。
4. 將3放在撒上手粉（高筋麵粉／適量）的工作檯上，用擀麵棍擀成厚度3cm（54×32cm）。
5. 將冰好的奶油（1600g）用擀麵棍擀成厚度2cm（25×32cm），放在4的中間。用麵糰把奶油包住，接口要確實封住。用擀麵棍擀成厚度約3cm。
6. 將5放進壓麵機壓出厚度1～1.2cm。折3折後，再次擀成厚度3cm，放進冰箱冷藏4小時。之後，重複3次「折3折→擀平」的步驟，放進冰箱冷藏1晚。再一次重複同樣的步驟2次，用壓麵機壓成厚度2mm。放進冰箱充分冷藏（折疊作業一共進行6次）。

菠蘿吉布斯特奶油餡

◆8個分

義式蛋白霜用
水……………………29g
細砂糖……………………72g
蛋白……………………48g
蛋黃……………………27g
細砂糖……………………15g
A
鳳梨果泥（La Fruitiere公司）……………………64g
檸檬汁……………………4g
香草豆莢（切開）…………1/7根
脫脂牛奶（四葉乳葉）…………5g
低筋麵粉……………………8g
吉利丁片……………………2g

1. 製作義式蛋白霜。鍋中放入水、細砂糖，加熱，熬煮出117℃的糖漿。鋼盆中放入蛋白攪拌，呈蛋白霜狀後，將糖漿一點一點放進去，再次攪拌。
2. 鋼盆中放入蛋黃、細砂糖，攪拌到泛白為止。
3. 將A和過篩好的低筋麵粉放入2中攪拌，同時加熱到呈濃稠狀。
4. 將用冰水泡軟的吉利丁放進3中攪拌，讓它完全溶化。過濾後，將1放進去，用打蛋器輕輕攪拌，不要攪破蛋白霜。

椰子果醬

◆約18個分

全蛋……………………96g
細砂糖……………………50g
椰子果泥（La Fruitiere公司）……………………200g
香草精……………………2.4g

1. 鋼盆中放入恢復常溫的全蛋和細砂糖，攪拌至呈滑順狀態。
2. 將加熱到40℃左右的椰子果泥放進1中攪拌，再把香草精放進去，攪拌後過濾。

菠蘿果凍

◆直徑3.5cm×高2cm的模型　30個分

A
鳳梨果泥（La Fruitiere公司）……………………270g
細砂糖……………………18g
水……………………20g
吉利丁片……………………4g

1. 鍋中放入A，加熱同時攪拌到細砂糖完全溶化。
2. 將用冰水泡軟的吉利丁放進去，攪拌使之完全溶化後，過濾。
3. 將2倒進模型中，急速冷凍。

鋪塔皮與烘焙

1. 將千層酥皮麵糰用直徑10cm的塔圈割出塔皮。再鋪進直徑6.5cm×高2cm的塔圈中，用手指徹底按壓，讓塔皮緊貼模型底部的邊角。將模型上面多餘的塔皮往內側折，再次用手指按壓，把塔皮的邊緣整理成像要跑出模型外側般。
2. 在1上面戳洞，鋪上烘焙紙，再鋪上塔石。放進180℃的對流烤箱中烘烤15～20分鐘（烤5～6分鐘後，為避免塔皮膨脹得太過，在上面放置烤盤）。

組合與完成

蛋黃……………………適量
新鮮鳳梨……………1個塔放2～3片
黃砂糖……………………適量
細砂糖……………………適量
糖粉……………………適量

1. 在空燒好的千層酥皮麵糰內側塗上蛋黃。放上新鮮的鳳梨切片，倒進椰子果醬。用170℃的對流烤箱烤10～12分鐘後，脫模，稍微散熱。
2. 將1的邊緣（突出外側的部分）用刀子以下斜45°的方向切掉，再放上薄塗奶油（適量）的塔圈（直徑6.5cm×高2cm），中間放進菠蘿果凍，然後倒滿菠蘿吉布斯特奶油餡。
3. 在2的上面撒上黃砂糖，用瓦斯噴槍炙燒成焦糖。再以同樣方式，細砂糖→焦糖、糖粉→焦糖一共進行3次，然後慢慢脫模。

用千層酥皮麵糰的爽脆與鳳梨的酸來營造夏季風

「為了做出理想的塔，再細部的工夫都不馬虎。」佐藤正人主廚奉此為信條，自開店以來，始終是當天早晨烘烤當天銷售。

「菠蘿吉布斯特」是一款讓人在炎炎盛暑都能吃得清清爽爽的夏日甜品。

塔台採用千層酥皮麵糰，裡面填入新鮮的鳳梨，上面的吉布斯特奶油餡中藏著菠蘿（鳳梨）的果凍來增添酸味。蛋奶醬裡還有令人聯想到南國的椰子果醬，十足的夏日風情。

佐藤主廚表示，塔台選用千層酥皮麵糰，是考量到整個吃完後的味道及口感的平衡。

「我希望表現出清爽俐落的感覺，吃完不會餘味糾纏不清，所以吉布斯特奶油餡中用的是脫脂牛奶。而且，我認為吃完後的沙沙口感會予人爽朗的感覺，於是就用千層酥皮麵糰來試試看。」據說，這款塔並不是決定塔皮的種類後，再去發想上面的餡料；而是先決定餡料後，才找出與其相搭的塔皮。

製作千層酥皮麵糰的要訣在於「一邊冰一邊做」。麵糰的最佳溫度是4度左右，最高也不宜超過10度；一旦超過，奶油會融化，麵糰就疲軟了。

做完一次折三折的步驟後，必須不厭其煩地放進冰箱冷藏，才能再進行下一個折三折的步驟，這就是做出理想麵糰的要訣。

折疊作業一共做6次，分兩天進行，但必須極力避免給麵糰造成負擔，因此動作必須迅速確實，並戴上食品用的薄手套，不讓手溫直接傳到麵糰上。

此外，鋪塔皮的要訣在於處理模型上面多出來的塔皮。將多餘的塔皮向內折後，用手指按壓，把塔皮確實壓進模型底部的邊角，這麼做可以避免烘烤時縮小。

另一個重點是，塔皮的邊緣要整理成突出模型外側約2mm左右再送進烤箱烘烤。

那麼，之後將圓塔模放上這個突出部分，就會放得更穩，也才能將吉布斯特奶油餡漂亮地倒進去。

店內供應的吉布斯特塔，會隨季節更換素材，例如秋天就會使用時令的番薯。將番薯裹上粗砂糖烘烤成焦糖後，撒上芝麻，做成如大學芋般的滋味，然後藏進塔台裡；而塔皮則是選用嚐起來比千層酥皮麵糰更酥脆的甜麵糰，和番薯鬆軟的口感極搭。

塔要「早上烘烤」，不妥協的味道正是迷人之處

供應派塔時，佐藤主廚的信條就是「早上烘烤」。但雨天等濕氣重的日子，有時也會決定不在早上烘烤，總之就是堅持自己理想的味道與口感，絕不妥協。基本上是設定早上烘烤，當天售出，當天享用完畢。不只小糕點如此，連烘烤型的「蜜魯立頓塔」、「柑橘塔」也一樣。

最後的焦糖步驟，佐藤主廚也有相當的講究。依黃砂糖、細砂糖、糖粉的順序撒上，每撒一次就烘烤成焦糖（總共進行3次）。

如果只用黃砂糖，顏色會太過強烈，因此用細砂糖將顏色調淡，再用糖粉來製造光澤；不只顏色上的考量，這麼做還能讓口感更好，有分量卻不會太硬，風味怡人。

「不要烤成焦糖後立刻吃，經過一小時左右焦糖有點融化後，是最佳賞味時機。」吉布斯特塔一天最多只供應8個，現做的熱情以及追求美味的探究心，深受饕客青睞。

Pâtisserie Recherche r

店東兼主廚　村田 義武

澄黃塔

奶酥
黃色鏡面醬
檸檬奶油餡
糖粉
喬孔達杏仁海綿蛋糕
百香果奶油餡
芒果果凍
甜麵糰

如蛋黃般的黃色半球體，多麼清涼又可愛的派塔。以「檸檬塔的進化版」為目標的這款「澄黃塔」，魅力在於檸檬奶油餡與百香果奶油餡的夏日爽朗酸味；而且，芒果果凍完全未加水，甜味濃厚，提升了濃郁度與深邃度。酥脆而有點沉重感的塔皮，與濕潤的喬孔達杏仁海綿蛋糕的口感呈對比，妙不可言。

塔的千變萬化

椰子香蕉塔
＊甜麵糰
→P.160

無花果塔
＊甜麵糰
→P.160

香料巧克力塔
＊巧克力甜麵糰
→P.162

普羅旺斯
＊香料奶油餅乾麵糰
→P.169

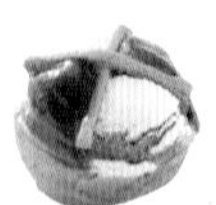

新橋塔
＊千層酥皮麵糰
→P.174

塔皮

使用中高筋麵粉和低筋麵粉做成的甜麵糰。重視口感，加了中高筋麵粉後，麵糰的強度提升，塔皮更酥脆。

模型尺寸：直徑7cm×高2cm

檸檬塔的進化版，
酸與甜的完美結合

澄黃塔

500日圓（未稅）
供應期間　6月中旬～9月中旬

材料與做法

澄黃塔

甜麵糰

◆直徑7cm×高2cm的塔圈 60個分

無鹽奶油……600g
鹽……5g
糖粉……450g
全蛋……250g
杏仁粉……175g
A 中高筋麵粉（日本製粉「Merveille」）……300g
　低筋麵粉（日清製粉「VIOLET」）……875g

1. 攪拌盆中放入奶油和鹽巴，以低速攪拌均勻。
2. 將糖粉分2次放進去，拌勻。
3. 將全蛋分3次放進去，拌勻。
4. 將杏仁粉分2次放進去，拌勻。
5. 將事先過篩好的A分2次放進去，拌勻。
6. 攪拌到看不見粉狀後，用塑膠袋包起來，放進冰箱冷藏1天。

喬孔達杏仁海綿蛋糕

◆60cm×40cm的烤盤 1盤分

A 杏仁粉……150g
　低筋麵粉……42g
　糖粉……150g
全蛋……200g
蛋白……125g
細砂糖……23g
無鹽奶油……30g

1. 攪拌機中放入預先過篩混合好的A、全蛋後，攪拌。
2. 用蛋白和細砂糖製作柔滑的蛋白霜。
3. 待**1**看不見粉狀後，將1/3量的**2**的蛋白霜放進去，充分攪拌。
4. 將事先溶化成60℃的奶油放進**3**中，攪拌。
5. 將剩下的蛋白霜放進**4**中，用橡皮刮刀攪拌，倒進烤盤中。以230℃的烤箱烤7分鐘。烤好後從烤盤中取出，完全放涼。

芒果果凍

◆直徑4cm×高1.5cm的烤模 48個分

芒果泥……315g
細砂糖……50g
吉利丁片……5g
檸檬汁……15g
索米爾橙皮酒（saumur triple sec）……10g

1. 鍋中放入芒果泥和細砂糖，加熱。
2. 待周圍開始冒泡後，拿離火源，將用水泡軟的吉利丁放進去。
3. 稍微放涼後，將檸檬汁、索米爾橙皮酒放進去。
4. 倒進烤模中，放進冰箱冷藏，使之凝固。

百香果奶油餡

◆48個分

百香果泥……450g
檸檬汁……30g
無鹽奶油……600g
細砂糖……400g
全蛋……450g

1. 銅鍋中放入百香果泥、檸檬汁、奶油、1/2量的細砂糖，加熱。
2. 將剩下的1/2量的細砂糖放進全蛋中，用打蛋器充分攪拌。
3. 待**1**煮沸後熄火，將**2**用濾網濾進**1**中，再煮沸後，續煮約1分鐘。
4. 煮好後用手持電動攪拌棒攪拌，倒進方形平底盤，用保鮮膜封住，放進冰箱冷藏。

檸檬奶油餡

◆直徑6cm×高3.5cm的半球形模型 20個分

檸檬皮……5個分
檸檬汁……400g
無鹽奶油……500g
細砂糖……500g
全蛋……10個

1. 銅鍋中放入檸檬皮、檸檬汁、奶油、1/2量的細砂糖，加熱。
2. 將剩下1/2量的細砂糖放進全蛋中，用打蛋器充分攪拌。
3. 待**1**煮沸後熄火，將**2**用濾網濾進**1**中，再度煮沸後，續煮約1分鐘。煮好後用細濾網過濾。

黃色鏡面醬

◆備用量

鏡面果膠……600g
百香果泥……50g
芒果泥……85g
索米爾橙皮酒（saumur triple sec）……15g

1. 材料全部放進攪拌盆中攪拌。

鋪塔皮與烘焙

蛋黃……適量

1. 將甜麵糰用壓麵機壓成厚度2mm，用直徑9.5cm的空心模割出塔皮。
2. 烤盤上鋪烤盤墊，將直徑7cm×高2cm的塔圈放上去，然後將**1**一個一個緊密地鋪進去。此時要撒點手粉。
3. 鋪好後放進冰箱冷凍30分鐘。
4. 塔皮內側放鋁箔紙，再放滿塔石。然後放進上下火皆為180℃的烤箱中烤15分鐘，將烤盤前後對調再繼續烤10分鐘。
5. 拿掉鋁箔紙和塔石，放涼脫模。
6. 塔皮內側塗上蛋黃，再以180℃的烤箱烤4～5分鐘。

組合與完成

奶酥……適量
糖粉……適量

1. 用直徑5cm的空心模割出喬孔達杏仁海綿蛋糕。
2. 用手持電動攪拌棒攪軟檸檬奶油餡，倒進直徑6cm×高3.5cm的半球形模型中，倒滿2/3。蓋上**1**的喬孔達杏仁海綿蛋糕，放進冰箱冷藏1晚，使之凝固。
3. 將百香果奶油餡擠進冰好的塔台中，約擠1/3滿，再將芒果凍放在中間。
4. 將百香果奶油餡擠滿**3**，用奶油刀抹平。放進冰箱冷藏約1小時。
5. 待**2**凝固後，脫模，淋上一層薄薄的黃色鏡面醬。
6. 將**5**放在**4**上面。
7. 放上奶酥，撒上糖粉。

講究粉類配方，追求塔皮的口感

2010年，村田義武主廚開設「Rechercher」甜點坊。店名在法語中是「探求、研究」之意，果然店內擺滿了村田主廚靈光一現的獨創法式甜點。每次去都能遇見新產品，評價相當高。

「我最看重塔皮的口感，我認為唯有確實烘烤過又有點沉重感的塔皮，才能襯托出其他素材的風味來。」村田主廚說。這份講究展現在從選材到製作工程的任何一個細節中。

這款「澄黃塔」所使用的甜麵糰，一般都是用低筋麵粉做成，但村田主廚採用低筋麵粉加中高筋麵粉。

「我覺得如果只使用日本產的低筋麵粉，風味會少了點，所以我用中高筋麵粉來加強，提高風味。」甜麵糰中使用的中高筋麵粉是日本製粉的「Merveille」、低筋麵粉則是日清製粉的「VIOLET」。

此外，鹹麵糰的話是使用日清製粉的「LEGENDAIRE」。總之，不同的麵糰就使用不同的麵粉。

另一個重點是，混合材料時，奶油等材料必須全都先冰起來。奶油要有點硬度才剛好，要始終將麵糰的溫度控制在19度以下，因此混合作業必須迅速。之後，為讓麵糰保持在好用的狀態，就放進冰箱冷藏一晚。

然後將麵糰用壓麵機壓成厚度2mm，並立刻鋪進塔模中。「室內必須保持在涼爽的溫度，而且不能太過接觸麵糰，因為麵糰的溫度變高，麵糰就會變軟，風味也就變了。」

鋪完塔皮後就進行空燒作業。這個部分村田主廚也有所講究，他不立即空燒，而是放進冰箱冷凍約30分鐘，讓塔皮變硬。據說這是因為塔皮如果變軟，在上面鋪鋁箔紙、放塔石時，塔皮會有痕跡，就不能烤出理想中的口感了。

因此，必須確認塔皮真的變冷變硬了，才能進行空燒作業。放進180度的烤箱中烤15分鐘後，再將烤盤前後對調，繼續烤10分鐘，烤到塔皮呈褐色為止，這樣就能烤出理想中的沉重感了。

烤得香氣四溢的塔皮冷卻後，就塗上蛋黃再烤5分鐘。蛋黃會在塔皮上形成一層膜，可避免奶油餡滲進塔皮，這麼一來，早上烤好的塔，到了傍晚依然能保有令人驚奇的酥脆感。

創作出香氣與口感協調且具深度的塔

「塔本來就是表現出季節感的甜點。」村田主廚說。那麼，這款「澄黃塔」又是在何種因緣下誕生的呢？村田主廚笑著說：「我想做出以檸檬為主角，具有夏日風情的塔。然後該說是靈光一現嗎？我就想到了這個『澄黃塔』。」

如果只有檸檬和百香果，味道會偏酸，於是加進了完全不摻水而質地濃稠的芒果泥，讓芒果清爽的酸和濃郁的甜來加以平衡。而且，塔台用的是更加酥脆的甜麵糰，因此能讓整體的滋味變得很有深度。

「Rechercher」推出的派塔，特徵之一就是不用新鮮的水果。

「如果放進新鮮的水果，水分會跑出來，就破壞掉塔皮的口感了。所以要在水果上放點糖讓它出水，並把它的香氣引出來。」以「無花果塔」為例，就是用櫻桃白蘭地和砂糖來醃漬無花果；而「椰子香蕉塔」就是使用糖煎的香蕉。在水果上下點工夫，就能製作出香氣與口感調和的塔了。

店內每個季節都有6、7種塔登場，「今後也會繼續創作新的派塔。」村田主廚表現出旺盛的創作意圖。

patisserie AKITO

店東兼甜點主廚　田中 哲人

檸檬萊姆塔

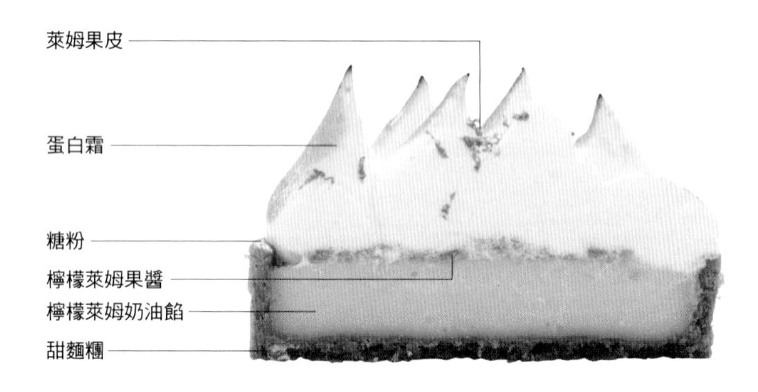

質地紮實的甜麵糰上，放進了檸檬萊姆奶油餡，再放上有苦有酸的檸檬萊姆果醬。最上面擠上甘甜的義式蛋白霜，僅炙燒表面，製造酥脆的口感。為了強調出檸檬萊姆果醬，不塗蛋汁或鏡面果膠，組合極為簡單。

塔的千變萬化

巧克力佐牛奶醬塔
＊甜麵糰
→P.162

馬斯卡彭起司塔
＊甜麵糰
→P.165

巧克力榛果吉布斯特
＊甜麵糰
→P.166

大黃佐野草莓塔
＊鹹麵糰
→P.170

塔皮

主廚製作塔皮的信條是「以傳統配方用心去做」。重點在於不讓塔皮的滋味與口感妨礙餡料，以及就算不塗蛋汁也不讓餡料的汁液滲透進塔皮。

模型尺寸：直徑7cm×高2cm

用香甜的蛋白霜
包覆檸檬萊姆的苦與酸

檸檬萊姆塔

400日圓（未稅）
供應期間　全年

檸檬萊姆塔

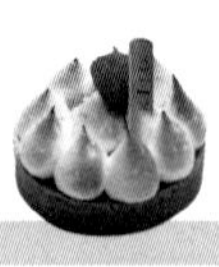

甜麵糰

◆直徑7cm×高2cm的空心模 約40個分

發酵奶油（森永乳業）…………300g
細砂糖…………125g
鹽…………3g
全蛋…………100g
杏仁粉…………125g
低筋麵粉（增田製粉所「異人館」）…………500g

1. 攪拌盆中放入恢復室溫的奶油和細砂糖，以中速攪拌。把鹽巴放進去，輕輕攪拌到結成一團的程度。
2. 將蛋一邊輕輕打散一邊放進**1**中。開始分離後，將杏仁粉分2～3次放進去拌勻。
3. 將過篩好的低筋麵粉放進**2**中，整理成形，放進冰箱冷藏2小時以上。

檸檬萊姆奶油餡

◆26個分

萊姆果泥…………100g
日本國產檸檬汁…………120ml
蛋黃…………200g
全蛋…………210g
細砂糖…………200g
奶油（高梨乳業）…………200g

1. 將奶油以外的所有材料放進鍋中，以小火加熱。
2. 呈濃稠狀後，將奶油放進去，溶化後放涼至常溫。

檸檬萊姆果醬

◆備用量（1個塔使用20g）

萊姆果泥…………1000g
檸檬皮（廣島縣產）…………700g
水…………2000ml
細砂糖…………2000g
蜂蜜…………350g
百里香…………適量

1. 檸檬皮稍微留下白膜部分，切成粗粒，放進水中煮開後將水倒掉，再次放進水中煮開後將水倒掉。
2. 將百里香以外的材料全部放進**1**中，煮沸，待檸檬煮透後熄火，用手持電動攪拌棒攪拌。
3. 再次將**2**煮5分鐘左右，熄火，放進百里香的葉子。

蛋白霜

◆備用量

蛋白…………200g
細砂糖…………280g
水…………80g

1. 鍋中放入細砂糖和水，以小火煮至剩下120g。
2. 一邊將蛋白倒進**1**中，一邊打至發泡，放涼。

鋪塔皮與烘焙

1. 將甜麵糰用壓麵機壓成厚度2.5mm，將直徑7cm的空心模放上去，割出比圓周大兩輪的塔皮來。在直徑7cm×高2cm的空心模內側薄塗一層奶油（適量），將塔皮鋪進去，並緊貼塔模到底部確實出現邊角的程度。
2. 放進上下火皆為170℃的烤箱中烤20～25分鐘。

組合與完成

◆1個分

萊姆果皮…………適量
糖粉…………適量
覆盆子…………1個

1. 將檸檬萊姆奶油餡倒進甜麵糰中至9分滿。
2. 將20g的檸檬萊姆果醬放在中央。
3. 將打到發泡且出現光澤的蛋白霜裝進擠花袋中，用圓形擠花嘴擠在**2**上面，擠成水滴狀。用噴火槍炙燒一圈。
4. 表面撒上糖粉，用毛刷將萊姆皮碎末塗上去，再放上一顆覆盆子。

以發揮果醬的美味為優先考量

田中哲人主廚的招牌甜點是之前在「KASHI's PATRIE」工作時製作出來的牛奶醬，在日本關西地區造成大轟動而經常搶購一空。

田中主廚於２０１４年４月開設「patisserie AKITO」，店裡洋溢著牛奶醬的氛圍，充滿了溫柔的褐色。「可以說我是有果醬才獨立開業的。」一如所言，店內甜點的主角正是各式各樣的果醬。

當然，塔也是先決定果醬後再發想其他部分。「要如何組合季節性水果和奶油餡，才能和果醬相搭？」就像這樣，田中主廚致力於如何將果醬的美味發揮出來。因此，為了不讓塔皮干擾到主角果醬的滋味，他採用古典的、傳統的配方。

塔皮採用甜麵糰或鹹麵糰。基本上多半是甜麵糰，但如果想多放些果醬，為了不讓甜味成為干擾，就會使用鹹麵糰。

甜麵糰的口感不能太脆太硬，也不能烤得不確實而導致水分太多，說穿了，就是以呈現「本來狀態」為目標，因為從上到下都能自然而然爽快地吃下去，這樣的軟硬程度才是最不干擾的狀態。而且，蛋奶醬的素材有時也會用榛果粉取代杏仁粉，總之會隨餡料不同而靈活運用，擔任最佳配角。

田中主廚對製作塔皮最大的講究就是鋪塔皮。將塔皮鋪進空心模後，必須用手指仔細按壓側邊和底部的邊角，將線條漂亮地呈現出來。

「我不想塗蛋汁，不想要多餘的味道。」基於這個考量，貼塔皮的工夫就馬虎不得。只要確實貼緊、把角度都按壓出來，那麼即便不塗蛋汁，餡料的汁液也不會滲進去，就能烤出具沙沙口感且堅固的塔皮了。

烘焙幾乎都是空燒完成，即便裡面裝進蛋奶醬，也是八成的作業都是以空燒完成的。

不加進多餘的味道，力求簡單的組合

檸檬萊姆塔也一樣，是以發揮檸檬萊姆果醬的滋味為優先考量。為了保留果醬中萊姆的苦味，刻意連同白膜一起切碎，並水煮過兩次。最後放進百里香葉片，就是要在帶苦味和酸味的果醬中，再添加清爽的香氣。

和檸檬萊姆果醬搭配的，不是杏仁奶油餡，而是清淡的檸檬奶油餡。

這款由萊姆果泥加檸檬汁做成的極簡奶油餡，特色在於宛如包覆住果醬般的溫和酸味。而與之呈反差效果，擠在果醬上方的義式蛋白霜就是甜的，而且在蛋白霜表面輕輕炙燒出一層脆脆的薄皮，蛋白霜入口即化的口感包住奶油餡和果醬，而甜麵糰則將它們穩穩地組合起來。

田中主廚的另一個代表作是「巧克力佐牛奶醬塔」（１６２頁）。甜度溫和的牛奶巧克力餡搭配帶一點點鹽巴的牛奶醬，是全年的招牌商品。

盡量不塗蛋汁、鏡面果膠，不做裝飾，讓果醬一枝獨秀的簡單組合，是店內甜點的共通特色。而組合方式不外乎堅果配焦糖、草莓配大黃等，以傳統的基本款為主。

此外，田中主廚還盡可能使用關西附近產地的食材。例如麵粉採用兵庫縣產的增田製粉所「異人館」，牛奶醬的牛奶是淡路島產，水果也是和歌山縣產的桃子等，一個一個都非常講究，因此搭配季節性水果的派塔總是大受歡迎。接下來又會隨季節推出什麼樣的新作呢？大批粉絲正引頸期盼。

L'ATELIER DE MASSA

店東兼甜點主廚　上田 真嗣

Chamaeleon～變色龍～

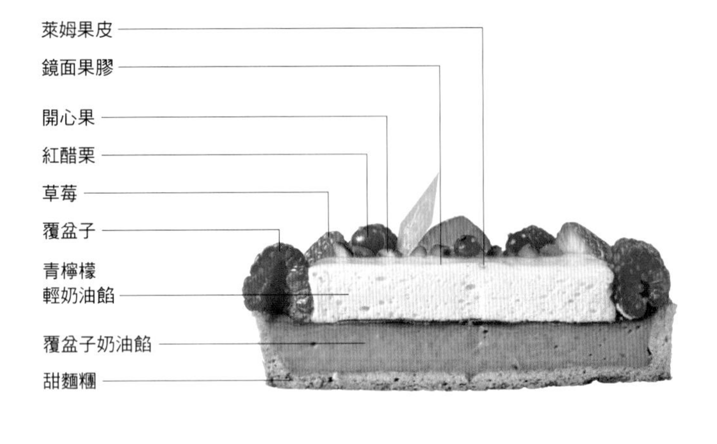

這是一款萊姆佐覆盆子的塔。甜麵糰裡填入覆盆子和草莓這二種莓果的果泥所做成的慕斯。上面則是青檸檬輕奶油餡，口感如吉布斯特般輕盈。二層分開吃的話，會吃到很清晰的酸味，但和甜麵糰一起入口，就會變成怡人的酸甜了。

塔皮

一般的甜麵糰都是一邊攪拌一邊搓揉，但上田真嗣主廚的甜麵糰只是輕輕攪拌成形而已。空燒後，倒進覆盆子奶油餡，放進冰箱冷藏使之凝固。

模型尺寸：直徑12cm×高2cm

塔的千變萬化

紅酒無花果塔
＊甜麵糰
→P.160

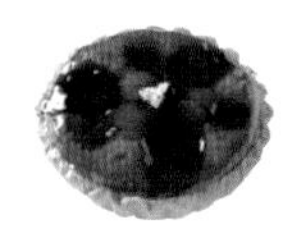

櫻桃塔
＊甜麵糰
→P.163

巴黎
＊可可奶油餅乾麵糰
→P.169

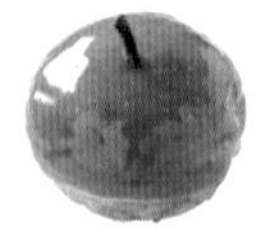

反烤蘋果塔
＊鹹麵糰
→P.175

從萊姆和覆盆子
兩種不同酸味變化出新滋味

Chamaeleon
～變色龍～

1836日圓（含稅）
供應期間　3月～9月

Chamaeleon～變色龍～

甜麵糰

◆直徑12cm×高2cm的塔圈　5個分

無鹽奶油……120g
細砂糖……60g
鹽……2g
全蛋……60g
低筋麵粉（日清製粉「VIOLET」）……240g
發粉……2g

1. 將預先混合好的細砂糖和鹽巴放進恢復室溫的奶油中，用電動攪拌器攪拌，再將全蛋分2次邊放進去邊攪拌。放進過篩好的低筋麵粉、發粉，用電動攪拌器輕輕攪拌至看不見粉狀。
2. 用保鮮膜封住，放進冰箱冷藏約半天。

覆盆子奶油餡

◆7個分

覆盆子果泥（法國BOIRON公司）……200g
草莓果泥（法國BOIRON公司）……85g
全蛋……100g
蛋黃……86g
細砂糖……72g
吉利丁粉……3g
水……21g
無鹽奶油……100g

1. 鍋中放入覆盆子和草莓的果泥，再將混合好的全蛋、蛋黃、細砂糖放進去，用打蛋器充分攪拌後，以大火加熱到82℃。
2. 將**1**拿離火源，再將泡在適量水中15分鐘左右的吉利丁放進去，使之溶化，然後將奶油放進去，用手持電動攪拌棒充分拌勻。

青檸檬輕奶油餡

◆6個分

蛋黃……64g
細砂糖……85g
玉米粉……6g
38%鮮奶油……68g
青檸檬果泥（法國BOIRON公司）……85g
無鹽奶油……34g
吉利丁片……3g
義式蛋白霜
- 蛋白……55g
- 細砂糖……34g
- 水……適量

35%鮮奶油（八分發泡）……42g

1. 容器裡放入蛋黃、細砂糖、玉米粉，用打蛋器充分攪拌。
2. 鮮奶油和果泥加熱至約82℃，再放進奶油。待奶油溶化，將**1**放進去，確實加熱。
3. 放進用冰水（適量）泡軟15分鐘左右的吉利丁，使之溶化，然後放涼至人體體溫的程度。
4. 鋼盆中放入蛋白，打發至還保留一點筋理。鍋中放進水和細砂糖，煮至120℃，再一點一點倒進打發的蛋白中，同時攪拌。
5. 將**4**放進**3**中，用打蛋器攪拌，再放進八分發泡的鮮奶油，輕輕攪拌。倒進直徑9cm×高1.5cm的空心模中，放進冰箱冷凍3～4小時使之凝固。

鋪塔皮與烘焙

1. 用擀麵棍將甜麵糰擀成厚度3mm，用直徑15cm左右的模型割出塔皮，放進冰箱冷藏約1小時。
2. 將**1**鋪進直徑12cm×高2cm的塔圈中，戳洞後放上塔石。塔皮要確實鋪進底部的邊角處。
3. 烤盤上鋪一張有氣孔的烤盤布，將**2**放上去，然後放進上下火皆為180℃的烤箱中烤20～25分鐘，放涼。

組合與完成

◆1個分

鏡面果膠……適量
萊姆果皮……適量
草莓……4個
覆盆子……3個
紅醋栗……2個
開心果……1.5個
銀箔……適量

1. 空燒好的甜麵糰中倒進覆盆子奶油餡，放涼使之凝固。
2. 鏡面果膠中放進適量的萊姆果皮碎末，攪拌，塗在青檸檬輕奶油餡的表面。
3. 將**2**脫模後，放在**1**上面，再放上草莓、覆盆子、紅醋栗、開心果、銀箔裝飾。

用法國的果泥
呈現正統的法式風味

在知名甜點坊「Lecomte」修業後，上田真嗣主廚遠赴法國，於巴黎、里昂的甜點坊和米其林三星餐廳工作，確實學會法式甜點的傳統技法與基礎後，為了傳達出巴黎甜點的標準風貌，在日本創作出罕見且嶄新的甜點。

2014年夏天的新作「變色龍」也是在法國學到的甜點。在甜麵糰上放了覆盆子和青檸檬（＝萊姆）兩層慕斯，而名稱由來是因為會隨季節改變風貌。

「在法國，季節交替時期水果的產量不很穩定，店家就會替換各種水果。」上田主廚表示，夏天用芒果和百香果，冬天用栗子和巧克力等，主廚會自由組合來製作甜點，當中，他最喜歡的就是夏季時令水果覆盆子和青檸檬的組合。「分開吃的話，會覺得很酸，但二層同時吃剛剛好，絕妙的組合令人感動。」

為了重現法國的原汁原味，果泥類一律採用法國BOIRON公司的產品。

而為了讓下面的覆盆子奶油餡的酸甜度更深邃，在覆盆子果泥中加進了草莓果泥，並且不放鮮奶油和牛奶，將莓果濃郁的酸甜表現出來。

上面的青檸檬輕奶油餡也是用萊姆果泥取代牛奶。最後放上八分發泡的鮮奶油，增加輕盈度與滑潤感。

最後塗上去的鏡面果膠中加了萊姆果皮，令青檸檬輕奶油餡的乳黃色中點綴著萊姆的綠，美麗的外表引人注目。

仔細地調整溫度，
讓成品呈現最佳狀態

甜麵糰帶點微甜且口感酥脆，和酸酸甜甜的慕斯極搭。將塔皮鋪進塔圈時，要確實將底部的邊角鋪出來，之後倒進來的覆盆子奶油餡才能漂亮呈現。

製作覆盆子奶油餡時，為了避免燒焦，加熱之前宜先將覆盆子和草莓的果泥、全蛋、蛋黃、細砂糖全部混合好。這個時候不必打至發泡，因為發泡後有空氣，導熱就變慢了。

材料混合好後，就用大火一口氣煮沸，然後拿離火源，將吉利丁和奶油混拌進去，此時最好使用手持電動棒，因為奶油的分量多，必須確實攪拌才行；如果沒有徹底拌勻，放進冰箱凝固後，口感會變得粗糙；此外，在加熱後才放進奶油也會變得很黏稠而不易攪拌。若能把握住這個要領來混拌奶油，就能拌出入口即化的口感了。

青檸檬輕奶油餡的重點在於「輕」。既然要做出輕盈的口感，製作方式當然相當重要了。這裡使用的是玉米粉，它的粒子比低筋麵粉更細，因此能確實煮熟，不然吃起來會粉粉的。

待奶油餡材料和蛋白霜的溫度都和人體體溫差不多時，再一起攪拌。奶油餡太冷會變硬，這是因為奶油分離的緣故；而且太硬會難以和柔軟的蛋白霜拌勻，導致好不容易打發的蛋白霜疲軟掉，因此必須謹慎地控制溫度。

上田主廚表示，今後想多做一些法國風味強烈的個性化甜點。「甜的就甜，酸的就酸，味道鮮明最好，但小朋友和老人家就比較不能接受了。我希望能慢慢提升大家對法式甜點的認識，將它的美味傳達出來。」

Pâtisserie Shouette

店東兼甜點主廚　水田 亞由美

西西里

這是由法式甜點的基本款「檸檬塔」改良而成的創意作品。檸檬奶油餡中放入了開心果慕斯，再蓋上加了白巧克力的香堤鮮奶油。甜麵糰裡的開心果奶油餡，也是摻進了自家製作的檸檬果醬和開心果，呈現出統一感。最後用圓潤的香堤鮮奶油包覆住檸檬的酸味與開心果的香氣。

塔的千變萬化

水果塔
＊甜麵糰
→P.156

無花果塔
＊甜麵糰
→P.157

香豆塔（tonka）
＊巧克力甜麵糰
→P.164

塔皮

將甜麵糰烤到用叉子就能輕易切開的程度。空燒後倒進去的開心果奶油餡中摻進了檸檬果醬，再放進切成粗粒的開心果，讓口感變得不一樣。

模型尺寸：直徑6.5cm×高1.5cm

將清爽的檸檬香與開心果
溫柔地合而為一

西西里

490日圓（含稅）
供應期間　全年

西西里

甜麵糰

◆直徑6.5cm×高1.5cm的空心模約100個分

發酵奶油……500g
糖粉……300g
全蛋……3個
低筋麵粉（日清製粉「VIOLET」）……1050g

1. 將呈髮蠟狀的奶油和細砂糖放進攪拌機中攪拌，要將空氣拌進去。再將蛋放進去攪拌，然後將過篩好的低筋麵粉放進去輕輕攪拌。將麵糰整理成形後，放進冰箱冷藏1天以上。

杏仁奶油餡

◆42～43個分

杏仁粉……300g
糖粉……300g
發酵奶油……300g
全蛋……300g
低筋麵粉（日清製粉「VIOLET」）……50g
奶油起司粉（高梨乳業）……50g
檸檬果醬＊……150g

＊檸檬果醬
（備用量）
檸檬果實……適量
細砂糖……與檸檬果實等量

1. 先將檸檬呈放射狀縱切後，再橫切成薄片，然後放進比可完全淹住再多一點的水中煮沸，撈出浮末，同時煮至變軟為止。
2. 熄火，放進砂糖，攪拌使之溶化。

1. 混合杏仁粉和糖粉，過篩2次。放進呈髮蠟狀的奶油中，用攪拌機確實將空氣攪拌進去，然後放進蛋，確實打至發泡。
2. 混合低筋麵粉和起司粉，過篩2次，放進**1**中。摻進檸檬果醬。

檸檬奶油餡

◆備用量（每1個使用20g）

蛋黃……4個分
細砂糖……400g
全蛋……4個
檸檬汁……200ml
無鹽奶油……200g
47％鮮奶油……適量

1. 將蛋黃和細砂糖打發到泛白為止。和全蛋、檸檬汁一起放入鍋中，以小火煮到呈濃稠狀。放進奶油，過濾。
2. 將檸檬奶油餡和等量的九分發泡鮮奶油混合在一起。

開心果慕斯

◆80個分

蛋黃……4個
細砂糖……80g
牛奶……300g
吉利丁片……9g
開心果糊……85g
42％鮮奶油……350g

1. 將蛋黃和細砂糖打發到泛白為止。將煮沸的牛奶倒進去攪拌，再倒回鍋中，加熱到82℃，熄火。
2. 將泡軟的吉利丁放進**1**中，再放進開心果糊攪拌，然後放在冰水中冰鎮。
3. 待**2**呈濃稠狀後，摻進八分發泡的鮮奶油。倒進直徑3cm的半球形模型中，放涼使之凝固。

開心果白巧克力香堤鮮奶油

◆30個分

30％白巧克力……80g
38％鮮奶油……280g
開心果糊……10g

1. 將煮沸的鮮奶油放進切碎的白巧力中，使之乳化，再和開心果糊拌勻，放進冰箱冷藏1天。
2. 將**1**放在冰水中冰鎮，同時打至八分發泡。

鋪塔皮與烘焙

1. 將甜麵糰用擀麵棍擀成厚度2mm，用直徑9cm的空心模割出塔皮。
2. 在直徑6.5cm×高1.5cm的空心模內側薄塗一層無鹽奶油（適量），再將**1**鋪進去。
3. 放進上下火皆為175℃的烤箱中烤20分鐘。

組合與完成

開心果……適量

1. 空燒好的甜麵糰中放進開心果奶油餡，放至半滿，再撒上2個開心果分量的碎粒。將剩下的開心果奶油餡放進去，然後用180℃的烤箱烤20分鐘。
2. 在**1**上面薄塗一層檸檬奶油餡，再放上開心果慕斯，然後像要蓋住慕斯般地擠上檸檬奶油餡，用奶油刀抹平。放進冰箱冷凍。
3. 待完全凝固後，將開心果白巧力香堤鮮奶油裝進擠花袋中，用直徑6mm的擠花嘴呈漩渦狀擠上去。上面和四周再撒上開心果碎粒。

以水果原味為主角，表現多彩多姿的風味

在東京的甜點坊修業過，水田亞由美主廚表示：「在日本關西地區，好像輕飄飄且不甜的生菓子比較受歡迎，但塔就另當別論了。」

水田主廚對塔的見解是：「它的魅力在於可以隨季節來變換搭配的水果，感覺就完全不一樣了。秋天的話，就放蘋果和番薯，而如果是巧克力塔的話，就在杏仁奶油餡裡面放榛果。總之，塔可以說是不分老女老幼，所有世代通吃的甜點。」

為了讓任何人都能吃得津津有味，特別將甜麵糰烤得用叉子也能輕鬆切開來。

同樣地，搭配塔皮的水果也要貼心處理，不能吃下去的部分絕不放上去；例如，葡萄要去皮、草莓要去蒂，讓人能用一根叉子就全部吃光光。

「塔的目的就是讓人用來吃水果。」基於這個考量，水果原則上都不加工，直接使用新鮮的。也不塗鏡面果膠和鏡面醬。如果水果本身甜度不夠就會撒上糖粉，但只有在季節尾聲才會如此，因為水田主廚只使用時令水果。

以水果為主角，因此搭配的奶油餡也得小心不搶風采。這款塔的做法是，混合卡士達奶油餡和香堤鮮奶油，做成濃郁卻輕盈的奶油餡後，大分量地放在塔中間。

杏仁奶油餡採用傳統的溫和配方，而杏仁粉則採用不容易出油且杏仁香氣十足的產品。

水田主廚的信條是，塔台是為了盛裝所有的水果，因此味道不能太突出。

話雖如此，「但是，不甜不等於減少糖粉。」她進一步表示：「如果糖分放得太少，油脂會跑到表面，就會顯得厚重了。因此要在配方中取得平衡，找出最佳表現方式來。」

設計出與檸檬及開心果相搭的杏仁奶油餡

「西西里」是水田主廚想將法國基本甜點「檸檬塔」改良成自己的風格而開發出來的派塔。一般都是在甜麵糰裡放進檸檬奶油餡，再覆蓋蛋白霜或是鏡面果膠，酸味強烈；但水田主廚是搭配由開心果和白巧克力做成的香堤鮮奶油，口感溫和。

主要的檸檬奶油餡使用了大量的檸檬汁而口味清爽，而且在將蛋和檸檬煮到呈濃稠狀的奶油餡上，加進了九分發泡的香堤鮮奶油，做出恰好的口感。

將開心果做成慕斯，放在檸檬奶油餡的中間。最外側裹上白巧克的香堤鮮奶油，製造多層次的好滋味。

為了與檸檬奶油餡及開心果更搭，水田主廚也對杏仁奶油餡做了些改良。

她在杏仁奶油餡中放進以檸檬果實做出來的自製果醬來增加酸味，而且將開心果直接切成粗粒後放進去，讓人「吃出開心果」來；還摻入了不太含水分的奶油起司粉，於是完成這款起司風味若隱若現的杏仁奶油餡。

水田主廚每年都會拜訪法國各地，研究地方性甜點。一如這款「西西里」所呈現的，她擅長納入傳統法式甜點和現代甜點的優點，創作出日本人也很容易接受的甜品。

當中有一款改良自巴斯克蛋糕，再冠上地名的「鈴懸巴斯克」，就是店裡的招牌甜點之一，裡面放了丹波產的栗子和黑豆，已經成為日本三田市的地方特產了，其實也可視為一種新式的派塔。

pâtisserie accueil

店東兼甜點主廚　川西 康文

瓜地馬拉

將香氣襲人的瓜地馬拉產咖啡豆研磨成粗粒狀後，摻進香堤鮮奶油中，再大分量地放在塔台上。甜麵糰底部也鋪上了咖啡風味的海綿蛋糕，整塊塔吃起來就像在喝咖啡一樣。塔台裡倒進了甘納許，再裝飾咖啡和榛果做成的脆餅。正是這麼王道的組合方式，展現出卓越的均衡感。

塔皮

像要發揮容器的功能般，選用更強的配方做成甜麵糰。塔皮為稍厚的2.8mm，鋪進塔模後先冷凍起來使之收緊，再切掉多餘的部分。

模型尺寸：直徑7.5cm×高1.5cm

塔的千變萬化

杏桃塔
＊甜麵糰
→P.159

巧克力塔
＊巧克力甜麵糰
→P.162

杏仁塔
＊甜麵糰
→P.167

談話塔
＊鹹麵糰
→P.173

以大膽的苦味與香氣，創造出「吃的咖啡」

瓜地馬拉

500日圓（未稅）
供應期間　全年

瓜地馬拉

甜麵糰

◆直徑7.5cm×高1.5cm的空心模
約250個分

無鹽奶油（高梨乳業）………1600g
糖粉……………………………1050g
低筋麵粉（小田象製粉
「La・Neige」）……………2630g
全蛋……………………………520g
杏仁粉…………………………400g
鹽………………………………30g

1. 將糖粉放進呈髮蠟狀的奶油中，以手持電動攪拌器攪拌，再將過篩後的低筋麵粉和其他材料放進去，攪拌到看不見粉狀為止，但須注意不要攪拌過度。用手將麵糰整理成形，放進冰箱冷藏1天。

甘納許

◆備用量

61%巧克力（Valrhona公司
「EXTRA BITTER」）…………500g
35%鮮奶油 ……………………600g
水飴……………………………60g
轉化糖漿………………………100g

1. 鍋中放入巧克力，加熱至40～50℃，使之溶化。
2. 將水飴和轉化糖漿放進鮮奶油中攪拌並煮沸。
3. 將2分3次放進1中，攪拌至完全乳化。

咖啡焦糖薄片

◆約40個分

榛果……………………………20g
咖啡豆（瓜地馬拉產）…………20g
35%鮮奶油……………………40g
無鹽奶油（高梨乳業）…………80g
細砂糖…………………………80g

1. 榛果、咖啡豆磨成粗粒。將所有材料混合後，放進冰箱冷藏1天。
2. 倒進直徑5cm的空心模中，倒成極薄的一層，用150℃的烤箱烤8～10分鐘。

榛果咖啡海綿蛋糕

◆60cm×60cm的烤盤 1盤分

全蛋……………………………4個
細砂糖…………………………160g
低筋麵粉（小田象製粉
「La・Neige」）……………125g
榛果粉（帶皮）………………40g
即溶咖啡………………………4g
咖啡精…………………………4g
無鹽奶油（高梨乳業）…………20g
糖酒液＊………………………適量

＊糖酒液
（備用量）
水………………………………250g
咖啡豆（瓜地馬拉產）…………15g
細砂糖…………………………40g
咖啡精…………………………4g

1. 將適量的水煮沸，熄火後將磨成粗粒的咖啡豆放進去，靜置3分鐘。
2. 過濾後，將細砂糖和咖啡精放進去攪拌。

1. 將蛋和細砂糖打發至泛白為止。
2. 將混合後過篩的低筋麵粉放進1中，再放進榛果粉、即溶咖啡、咖啡精，用打蛋器攪拌。
3. 將呈髮蠟狀的奶油放進2中攪拌。
4. 倒進烤盤中，用190℃烤箱約烤7分鐘。用直徑5cm的空心模割出來，然後浸泡在糖酒液中，放進冰箱冷凍。

咖啡香堤鮮奶油

◆約12個分

40%鮮奶油……………………325g
咖啡豆（瓜地馬拉產）…………17g
香草豆莢………………………1/4根
細砂糖…………………………42g
即溶咖啡………………………8g
吉利丁片………………………4g
馬斯卡彭起司…………………70g

1. 將磨成粗粒的咖啡豆、從香草豆莢刮出的香草豆連同豆莢，一起放進鮮奶油中，表面用保鮮膜封住，放進冰箱冷藏1天。
2. 將細砂糖、即溶咖啡放進1中煮沸。熄火後，放進泡軟的吉利丁使之溶化，然後過濾。
3. 放進馬斯卡彭起司，攪拌，用冰鎮急速冷卻後放進冰箱冷藏1天。
4. 組合之前以高速攪拌到變硬。

榛果咖啡脆餅

◆約80個分

榛果……………………………250g
糖漿（30波美度）………………25g
咖啡精…………………………5g
即溶咖啡………………………1.5g
糖粉……………………………150g

1. 將切成粗粒的榛果和材料混合。
2. 放進160℃的烤箱約烤15分鐘。烘烤過程中打開烤箱拿出來攪拌一下再放回去。烤完後用手捏成粗塊。

鋪塔皮與烘焙

1. 將甜麵糰用壓麵機壓成厚度2.8mm，用直徑10cm的空心模割出塔皮，然後鋪進直徑7.5cm×高1.5cm的空心模裡，放進冰箱冷藏15～20分鐘。
2. 用刀切掉1的烤模上面多餘的塔皮，將60g的塔石全面鋪上去，放進160℃的對流烤箱中烤15分鐘後，拿出來放在常溫中自然降溫。

組合與完成

◆備用量

61%巧克力（Valrhona公司
「EXTRA BITTER」）…………250g
可可脂…………………………125g
可可粉…………………………適量

1. 混合巧克力和可可脂後，使之溶化，用毛刷在甜麵糰的內側薄塗一層。
2. 將甘納許鋪進1中，約鋪1/3滿，再撒上5g弄碎的咖啡焦糖薄片。然後放上榛果咖啡海綿蛋糕，將甘納許裝進已套上擠花嘴的擠花袋中，擠滿整個塔。
3. 將咖啡香堤鮮奶油裝進擠花袋中，用11號的星8切擠花嘴呈漩渦狀高高擠上去。撒上可可粉。
4. 再放上5、6個榛果咖啡脆餅，以及1片咖啡焦糖薄片。

塔皮是盛裝餡料的「容器」

於2014年6月正式開幕的「pâtisserie accueil」，是曾在大阪名店「中谷亭」擔任3年副主廚的川西康文主廚所開設的店。展示櫃裡陳列的甜點，會令人聯想到以巧克力系甜點知名的「中谷亭」，非常具時尚感。

川西主廚表示：「可能無意中受到影響吧，店裡就變得多半都是巧克力系的甜點了。我一直以不太做裝飾、味道也很簡單，讓人一吃就懂的甜點為目標。」組合的素材只有2種，頂多3種。例如巧克力的話，就擠進伯爵茶或覆盆子裡。正因為是基本款，更需要品味。「我一直在思考，傳統的組合到底可以做到什麼程度。」

「瓜地馬拉」是一款由咖啡和榛果組合而成的塔。川西主廚表示，當他起了一個念頭：「想做出像是在吃咖啡的甜點。」腦中浮現的並非基本款「劇院蛋糕」，因為他要的不是咖啡風味的甜點，而堅持要有吃咖啡的感覺。不過，這款塔的組成很簡單，基本上就是將不甜的甘納許倒進偏硬的甜麵糰中，再放上大量的內含苦咖啡的香堤鮮奶油而已。

事實上，這款塔的塔底撒滿了裹上巧克力且帶咖啡味的焦糖薄片，又鋪進了咖啡和榛果做成的海綿蛋糕，糖酒液中也加了濃濃的咖啡味，達到畫龍點睛的效果。藏了幾個看不見的祕技在裡面，就讓味道更深邃了。

咖啡香堤鮮奶油中雖然也放了馬斯卡彭起司讓味道更濃郁，但從外觀完全看不出有起司的感覺。外觀很簡單，沒有繁複的重疊，但所有技巧融合為一，讓饕客一吃就知道是咖啡。

最後裝飾上去的脆餅和焦糖薄片也都內含咖啡，加強「吃咖啡」的印象。此外，咖啡是選用非常有咖啡味的瓜地馬拉產咖啡豆。

關於塔，川西主廚是將生菓子和燒菓子視為不同的兩種甜點。生菓子型的塔是「用來盛裝不能獨立的素材，是一種可食的『容器』。」例如盛裝柔軟的奶油餡或是水分多的食材。

「將餡料裝進容器裡，自然會從上層往下吃，而塔的話，可以整個吃完，好處就是可以計算出吃進去的分量。」

因此，這款塔的甜麵糰採用夠強、夠厚、能耐得住餡料重量的配方。鋪塔皮也必須謹慎小心，要讓塔皮咻地掉進模型般，確實鋪出底面，但不能按壓得太過分。鋪好後先放進冰箱冷凍，待塔皮收緊後，再切掉多餘的部分。

對於烘烤型的傳統甜點也傾注心力

另一方面，燒菓子型的塔就更簡單了。川西主廚對燒菓子的要求是「粗獷、新鮮。確實烘烤、樸素且堅固」。

他將傳統法式甜點以最基本的配方重現，並且像法國的甜點坊那般，直接擺出來販售。雖然店內並未銷售生菓子型的水果塔，但一定會有烘烤型的水果塔。

對於店內的「談話塔」，川西主廚表示：「糖衣很難割得漂亮。一再試做的結果，總算成為店內的招牌甜點了。」他暫時不打算改良，會依照傳統的配方來製作。

正因為才剛開店，目前無暇顧及開發新作。「生菓子型的水果塔，我總覺得『不對吧？』而不打算製作，但會不斷增加各種燒菓子型的塔。目前正在努力加油中。」

PATISSERIE
LES TEMPS PLUS

店東兼甜點主廚　熊谷 治久

隨心所欲塔

塔的千變萬化

香蕉塔
＊甜麵糰
→P.160

杏桃塔
＊甜麵糰
→P.161

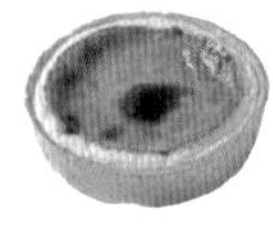

白起司塔
＊甜麵糰
→P.165

蘋果塔
＊脆皮麵糰
→P.171

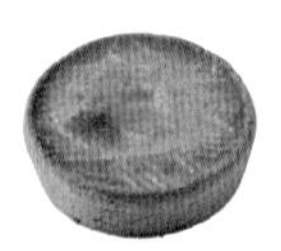

巴斯克蛋糕
＊巴斯克麵糰
→P.176

「隨心所欲＝愛怎樣就怎樣」，以此命名的這款塔，是用製作餅乾、海綿蛋糕等剩餘下來的麵糰做成的。話雖如此，堅持只使用以杏仁（粉）所做的麵糰，味道深邃，再加上混合了杏仁奶油餡與糖漬蘋果泥而做成的杏仁糕餅屑，滋味濕潤且豐富。厚度4.5mm的甜麵糰，口感酥脆怡人，與糕餅屑絕搭。

塔皮

使用西班牙MARCONA種杏仁做成的獨家杏仁糖粉，再以此杏仁糖粉做成甜麵糰，且顧及與糕餅屑的平衡而擀成厚度4.5mm，特色在於擁有酥脆度的同時又滋味深邃。

模型尺寸：底面直徑12.5cm、上面直徑14cm×高3.5cm

用稍厚的甜麵糰盛載糕餅屑
多彩的風味與口感

隨心所欲塔

1080日圓（含稅）
供應期間　全年

材料與做法

隨心所欲塔

甜麵糰

◆底面直徑12.5cm、上面直徑14cm×高3.5cm的蛋糕模型 24模分

無鹽奶油（高梨乳業「特選北海道無鹽奶油」）……1000g
鹽……7.5g
細砂糖……150g
全蛋……4個
蛋黃……4個分
杏仁糖粉
- 杏仁（西班牙產MARCONA種）……450g
- 細砂糖……450g

低筋麵粉（日清製粉「VIOLET」）……1500g

1. 攪拌盆中放入奶油、鹽巴、細砂糖，用電動攪拌器視攪拌狀況以低速或中速充分攪拌。
2. 全蛋和蛋黃打散後，分3～4次加進**1**中攪拌。
3. 混合杏仁和細砂糖，用滾輪碾碎3次，做成杏仁糖粉。然後放進**2**中拌勻。
4. 將低筋麵粉放進去，攪拌到看不見粉狀。用刮板將全體均勻地整理成形，然後用塑膠袋包起來，放進冰箱冷藏1晚。

杏仁糕餅屑

◆6模分（1模分350g）

杏仁奶油餡＊1……850g
糖漬蘋果泥＊2……425g
杏仁麵糰（利用剩餘的麵糰）……850g

＊1 杏仁奶油餡
（備用量）
無鹽奶油（高梨乳業「特選北海道無鹽奶油」）……250g
細砂糖……250g
杏仁粉……250g
全蛋……250g

1. 將細砂糖放入回軟的奶油中，以打蛋器攪拌，不要打到發泡。
2. 將杏仁粉放進去，打到稍微含空氣並泛白為止。
3. 將打散的蛋分3～4次放進去，拌勻。

＊2 糖漬蘋果泥
（備用量）
糖漿（糖度18°）……適量
蘋果……1000g
細砂糖……150g
無鹽奶油（高梨乳業「特選北海道無鹽奶油」）……12.5g

1. 蘋果去皮、去核，呈放射狀縱切成8等分，然後和糖漿一起入鍋，煮到可用竹籤刺穿為止。
2. 用食物調理機打碎。
3. 將**2**的糖漿瀝乾後，放回鍋中，再放進細砂糖，煮到用有洞的杓子按壓也不會出水的程度後熄火，將奶油放進去攪拌，倒進方形平底盤中稍微散熱。

1. 混合杏仁奶油餡和糖漬蘋果泥，再將杏仁麵糰放進去，輕輕攪拌。

鋪塔皮與烘焙

純糖粉……適量

1. 將鬆弛1晚的甜麵糰用擀麵棍擀成厚度4.5mm。將底面直徑12.5cm、上面直徑14cm×高3.5cm的蛋糕模型倒蓋，割出大於模型的大四方形塔皮。
2. 將塔皮貼緊蛋糕模型地鋪進去，放進冰箱冷藏到塔皮變冷。將多出模型的塔皮切掉，在底面戳洞。將杏仁糕餅屑倒滿模型，表面無需抹平，讓中央隆起如一座山的形狀。
3. 放進上下火皆為180℃的烤箱中烤35分鐘。
4. 從烤箱拿出來，在表面撒上糖粉，再次放進烤箱中，約烤5分鐘。

在各種杏仁麵糰中加進水果，做成糕餅屑

烘烤後用模型割下來的多餘麵糰、整理形狀後剔除的邊角料等，「隨心所欲塔」就是再次利用這些日常工作中剩下來的麵糰所做成的一款塔。

「因為不想浪費這些好吃的麵糰。但也不是什麼麵糰都可以，我只使用杏仁做成的麵糰，味道很棒。」熊谷治久主廚說。

塔裡面的杏仁糕餅屑的配方是，混合了杏仁奶油餡與自家製作的糖漬蘋果泥，再加上以杏仁粉和杏仁膏做成的海綿蛋糕、餅乾等的麵糰；重點在於不攪拌均勻，只是快速混拌一下，才能享用到各種不同的口感。

「我有時會放進堅果、水果等，有時也會抹上果仁糖、杏桃果醬，總之我想將各種麵糰的表情展現出來。」

杏仁奶油餡所使用的杏仁粉是自家研磨製成的。由於是自家製作，可以改變杏仁的品種，也可以帶皮或去皮，更可以視應用狀況調整研磨的次數來改變顆粒大小，最重要的一點就是新鮮。

糖漬蘋果泥是用糖度18度的糖漿將蘋果煮軟後，用食物調理機打碎，再瀝乾糖漿。然後和細砂糖一起放入鍋中，再次煮到收汁後熄火，拌進奶油，就完成了甜中帶蘋果的酸與奶油的濃郁的糖漬蘋果泥了。

除了這個糖漬蘋果泥，也會配合時不時剩下來的杏仁麵糰種類而放進杏桃或香蕉。果然是「隨心所欲」，據說來訪的饕客多表示每次都能吃到不同的滋味。

4.5㎜厚的甜麵糰，既是容器又是主角

這裡的甜麵糰，既是杏仁奶油餡的容器，也是這款塔的主角。

「我把它做得更耐重一點，才能盛裝口感濕潤且味道多層次的奶油餡。而且也做出沙沙的口感，和奶油餡呈對比。」於是塔皮的厚度有4.5㎜，相較於店裡其他塔類的標準塔皮厚度為2.5㎜，足足大將近兩倍。

不過，由於在材料和做法上下了工夫，成品並不會太重或太硬，而是酥脆度適當且美味十足。

奶油是選用熊谷主廚偏愛的高梨乳業的特選北海道奶油。在奶油回軟後放進鹽巴和細砂糖充分攪拌，再將打散的全蛋和蛋黃分3、4次拌進去，最後放進杏仁糖粉。這個杏仁糖粉所使用的杏仁粉也同樣是自家製作的，使用味道與香氣都很棒的西班牙產MARCONA種杏仁，再混和細砂糖後，用滾輪研磨3次。

「如果磨得太平均且太細的話，做出來的麵糰會太緊，口感就會變重、變硬。我想保留適當的口感，就磨得粗一點。」熊谷主廚說。

最後加進低筋麵粉攪拌時，如果用力搓揉，烤出來的塔皮會太乾太脆，因此不要搓揉，只要拌到看不見粉狀即可。

將塔皮鋪進塔模時，要確實貼緊，不要出現空隙，然後僅在底面用叉子戳洞。

每一塊塔放進350g的糕餅屑，將表面堆成山形後放進烤箱烘烤。

約烤35分鐘後拿出來，在表面撒上糖粉後，再烤5分鐘左右。由於表面凹凸不平，有些糕餅屑和糖粉會烤焦，但這也就呈現出「隨心所欲」的妙味了。

Pâtisserie
Les années folles

店東兼主廚　**菊地 賢一**

百香果吉布斯特

塔的千變萬化

檸檬塔
＊甜麵糰
→P.158

利穆贊克拉芙緹
＊甜麵糰
→P.167

洛林法式鹹派
＊鹹麵糰
→P.173

巴斯克蛋糕
＊巴斯克麵糰
→P.176

水果塔
＊酥皮紙（filo pastry）
→P.176

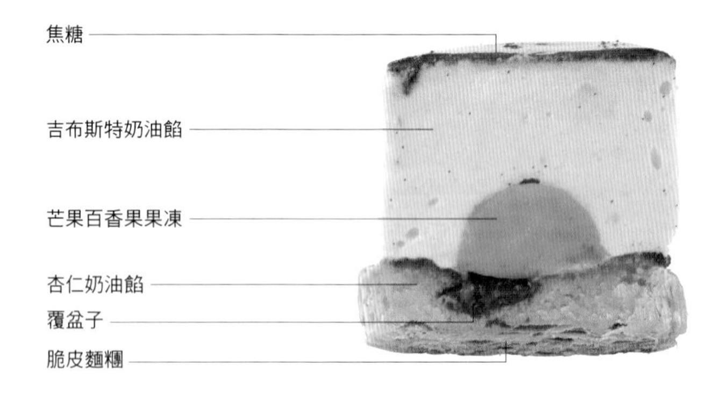

口感酥脆爽快的脆皮麵糰裡，放進了杏仁奶油餡和覆盆子後烘烤；將充滿香料芬芳的芒果百香果果凍放進吉布斯特奶油餡中，再放在塔上面，非常適合夏天享用。吉布斯特奶油餡中放進了百香果泥來增添酸味，而且用馬達加斯加產的香草來提升香氣。而藏在塔台中的覆盆子酸味，也是讓這款塔更有個性的亮點。

塔皮

用特別下工夫的混拌方法，製作出帶輕盈感的脆皮麵糰。裡面放了杏仁奶油餡和覆盆子，烤到確實上色、烤出俐落的口感。

模型尺寸：直徑6.5cm×高2cm

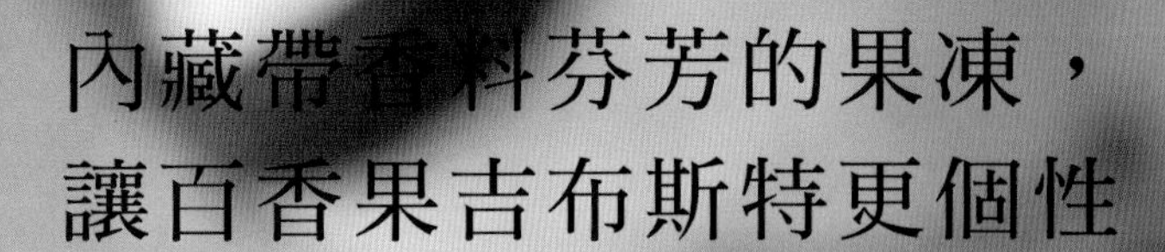

內藏帶香料芬芳的果凍，讓百香果吉布斯特更個性

百香果吉布斯特

500日圓（未稅）
供應期間　夏季

百香果吉布斯特

脆皮麵糰

◆直徑6.5cm×高2cm的塔圈 6個分

無鹽奶油（森永乳業）……120g
A
- 低筋麵粉……100g
- 鹽……0.4g
- 細砂糖……4g

香草豆莢……少量
B
- 全蛋……23g
- 水……30g

1. 將奶油冰好後，切成2cm小丁狀。
2. 攪拌盆中放入混合過篩好的A，再將**1**和香草豆莢放進去，以低速攪拌。
3. 將B全部倒進**2**中，以低速攪拌至剩下一點點粉狀時停止，拿出攪拌盆，將麵糰放進方形平底盤中，用保鮮膜封住，放進冰箱冷藏約2小時以上。

杏仁奶油餡

◆3個分

無鹽奶油（森永乳業）……20g
細砂糖……18g
全蛋……20g
杏仁粉……24g

1. 攪拌盆中放入恢復常溫的奶油，以低速攪拌至呈柔滑狀態。
2. 將細砂糖放入**1**中，以中低速攪拌。
3. 將打散的全蛋一點一點放進**2**中，以中低速充分攪拌。
4. 將過篩好的杏仁粉放入**3**中，以低速攪拌。

吉布斯特奶油餡

◆直徑5.5cm×高5cm的空心模 6個分

義式蛋白霜
- 水……50g
- 細砂糖……50g
- 蛋白……66.6g

蛋黃……36g
細砂糖……3.3g
低筋麵粉……11.6g
牛奶（高梨乳業）……67g
香草豆莢（馬達加斯加產）……1/8根
A
- 百香果泥……100g
- 白萊姆酒……9g

吉利丁片……4.1g

1. 製作義式蛋白霜。鍋中放入水、細砂糖，煮成170℃的糖漿。鋼盆中放入蛋白，攪拌至呈蛋白霜狀以後，就將糖漿一點一點放進去，再次攪拌。
2. 鋼盆中放入蛋黃、細砂糖，攪拌至呈泛白狀態。將過篩好的低筋麵粉放進去，攪拌。
3. 鍋中放入牛奶和香草豆莢，加熱至沸騰前熄火。
4. 將**3**一點一點放入**2**中，同時攪拌。
5. 用濾網將**4**濾進鍋中，加熱，邊攪拌邊煮至呈濃稠狀，熄火。
6. 將A和用冰水泡軟的吉利丁放入**5**中，讓吉利丁完全溶化。將**1**倒進去，用打蛋器輕輕攪拌，不要攪破蛋白霜。

芒果百香果果凍

◆直徑3cm的半球形模型 10個分

A
- 芒果泥……71g
- 百香果泥……29g

吉利丁片……1.3g
B
- 芒果利口酒（三得利「Mangoyan」）……5g
- 百香果的種籽……少量
- 法式綜合香辛料……少量

1. 鍋中放入A，煮沸。
2. 將用冰水泡軟的吉利丁放進**1**中，攪拌使之完全溶化。
3. 將B放入**2**中，攪拌。倒進模型中，急速冷凍。

鋪塔皮與烘焙

覆盆子……1個塔放2個

1. 準備好要使用的分量且鬆弛好的脆皮麵糰，用手揉到完全看不見粉狀為止。用壓麵機壓成厚度2mm，再用直徑8cm的圓形模割出塔皮。鋪進直徑6.5cm×高2cm的塔圈中，倒24g的杏仁奶油餡進去，再放上覆盆子，輕壓進去。以170～180℃的對流烤箱約烤15分鐘。脫模，稍微散熱。

組合與完成

細砂糖……適量
裝飾巧克力……適量

1. 將直徑5.5cm×高5cm的空心模放在烤好的塔台上，再放進芒果百香果果凍。將吉布斯特奶油餡倒滿模型，放進冰箱冷凍約3小時以上，使之凝固。
2. 將**1**從模型中取出來。撒上細砂糖，用瓦斯噴槍炙燒成焦糖，再放上裝飾巧克力。

脆皮麵糰的口感，關鍵在於麵糰的混合與烘焙方式

菊地賢一主廚表示，理想的以及他個人偏好的塔皮是：「吃起來有沙沙感，也有一點點鹹。」這回介紹的「百香果吉布斯特」的塔台是選用脆皮麵糰，並且做出俐落的酥脆口感。而使用百香果泥做成的吉布斯特奶油餡，酸味和香氣十足，中間放進有香料芬芳的芒果百香果凍，獨特的風味讓這款塔更具個性。

此外，吉布斯特和慕斯不同，它入喉非常輕盈，因此使用高５cm的模型，刻意讓它的比例多一些，就能讓滿滿的素材香氣與滋味在口中擴散開來。

將脆皮麵糰做出沙沙口感的要訣是，不要完全攪拌均勻，要保留一點點粉狀。

將奶油與麵粉以低速輕輕攪拌後，將全蛋和水一口氣放進去，再以低速混拌。此時，攪拌到還剩下一點粉狀就要停止，然後放進冰箱冷藏２小時以上。

將麵糰整理成形後，為了盡量不給麵糰造成負擔，鋪塔皮時，每一次都只拿出要使用的量而已，然後用手揉麵糰，將還有粉狀的部分揉勻，但動作要快，才不會讓手溫傳到麵糰上。

此外，要製作出理想的口感，脆皮麵糰的烘烤方式也很重要。將塔放進１７０到１８０度的對流烤箱中確實烘烤15分鐘，差不多烤到塔皮呈褐色，就能烤出爽快的口感了。

烤到上色除了增加口感之外，也能增添香氣，自然美味加倍。

「這次是脆皮麵糰搭配吉布斯特奶油餡，但我也推薦馬卡龍和甘納許。脆皮麵糰有微略的鹹味，和很甜的蛋奶醬超級搭。」菊地主廚表示，塔皮的種類應考量整體的滋味與口感而做不同的搭配；如果選用脆皮麵糰或鹹麵糰，整個塔吃完會讓人覺得奶油味不足的話，就換成千層酥皮麵糰再試作看看，一直做到接近理想的滋味為止。

厚度增加0.5mm，提高塔皮的防水性

此外，菊地主廚對塔皮的厚度也很講究。「百香果吉布斯特」所使用的脆皮麵糰，由於蛋奶醬的水分很少，就將塔皮做成２mm，如果蛋奶醬的水分多，就會一次增加0.5mm，改成厚度2.5mm和３mm。「水果塔」（參考１７６頁）是將三張酥皮紙重疊，厚度剛好可以吃出酥脆的口感，而且防水性也提高了。此外，厚度也關係到是否方便吃。例如「洛林法式鹹派」（參考１７３頁）就做得很薄，只有1.5mm，正好方便和餡料一起吃，味道也相當均衡。

塔皮所使用的無鹽奶油，菊池主廚也有五種選擇，從香氣高的法國產發酵奶油、簡單的奶油，到接近法國奶油的日本國產奶油，可視情況靈活運用。

「我會根據塔上面的素材特性，或者是以哪個素材為主角來選用奶油。如果想充分發揮奶油的風味，就使用發酵奶油；如果要配合主角，例如這個『百香果吉布斯特』，或是選用香氣很棒的桃子奶油餡的話，使用發酵奶油做成的塔台，它的發酵香氣就會蓋掉素材的香氣了。」換言之，菊池主廚總是備齊所有嚴選出來的素材，再視甜點主角的特性，來選用塔皮的種類及搭配的素材了。

Pâtisserie Miraveille

店東兼主廚　妻鹿 祐介

收穫

塔的千變萬化

檸檬塔
＊甜麵糰
→P.158

厄瓜多
＊甜麵糰
→P.162

開心果櫻桃塔
＊甜麵糰
→P.163

紅桃塔
＊甜麵糰
→P.163

大黃塔
＊鹹麵糰
→P.170

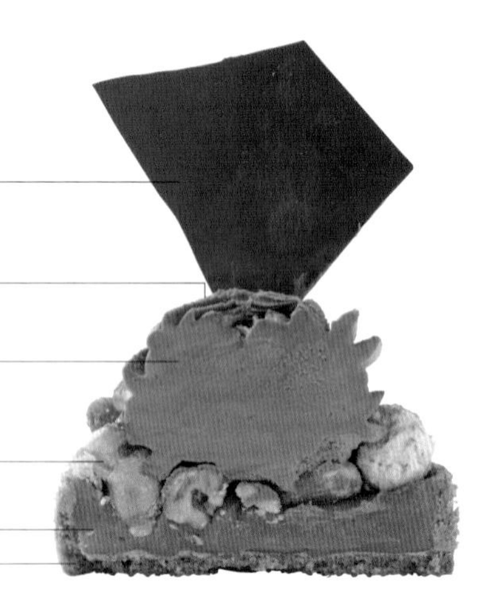

配方豐富的甜麵糰中，倒進了香草風味的焦糖，再搭配以牛奶巧克力製成、風味圓潤的巧克力香堤鮮奶油，適合秋冬享用。將糖漬的榛果、杏仁、果乾等各式各樣的素材巧妙搭配在一起，創造出口味上的亮點。新手主廚妻鹿祐介的獨特平衡感來自對細節的講究，目前在日本京阪神地區倍受注目。

塔皮

使用杏仁膏、發酵奶油製成的甜麵糰，非常美味，而且口感鬆脆，吃完嘴裡仍有杏仁的餘香。追求單獨吃就令人滿意的美味。

模型尺寸：直徑7cm×高1.7cm

甜、苦、香、鹹，
各種滋味逗樂味覺

收穫

420日圓（未稅）
供應期間　10月後半～翌年2月

收穫

杏仁甜麵糰

◆直徑7cm×高1.7cm的塔圈　20個分

杏仁膏……80g
糖粉……110g
鹽……2.2g
發酵奶油（森永乳業）……220g
低筋麵粉（日清製粉「SUPER VIOLET」）……340g
全蛋……60g

1. 攪拌盆中放入杏仁膏、糖粉、鹽巴，再將放在室溫回軟的奶油一點一點放進去，以不會拌入空氣的低速攪拌到不會結粒為止。
2. 將過篩好的低筋麵粉全部放進去，攪拌到還剩下一點粉狀、鬆鬆散散的樣子時，將打散的蛋放進去攪拌。
3. 將麵糰整理成形，夾進塑膠薄膜中，用擀麵棍擀成厚度3mm，放進冰箱冷藏1晚。

香草焦糖

◆20個分

水飴……135g
香草豆莢……1/2根
細砂糖……135g
35%鮮奶油……360g
鹽之花……3g
吉利丁粉（200 bloom）……3g
水……15g
低水分特級無鹽奶油（雪印Megmilk）……110g

1. 銅鍋中放入水飴和香草，加熱，再將細砂糖一點一點放進去，煮到溶化。
2. 煮到恰好的焦糖狀時，將熱好的鮮奶油分數次放進去，再煮到105℃。
3. 熄火，用濾網濾進鋼盆中，將鹽之花、用適量水泡軟的吉利丁放進去，攪拌均勻。將鋼盆放進冰水中冰鎮至38℃。
4. 將回軟的奶油放進去，最後用電動攪拌棒攪拌至完全乳化。

什錦果仁糖

◆20個分

細砂糖……90g
水……30g
A
- 整顆杏仁果（去皮）……80g
- 整顆榛果（去皮）……80g
- 核桃……70g

杏桃（乾）……50g
葡萄乾……40g

1. 鍋中放入細砂糖和水，加熱至117℃，將A放進去攪拌。
2. 待堅果煮到呈鬆脆狀，熄火，倒進烤盤中，用170℃的對流烤箱烤12分鐘。
3. 將杏桃切成約1.5cm小塊狀，再和**2**、葡萄乾混合。

巧克力香堤鮮奶油

◆20個分

70%巧克力（Opera公司「Carupano」）……80g
40%牛奶巧克力……120g
35%鮮奶油……400g

1. 將巧克力融化至45℃，再放入少量且同樣加熱到45℃的鮮奶油，用橡皮刮刀攪拌，不必拌勻。
2. 再一點一點加進鮮奶油，用橡皮刮刀攪拌至完全乳化。

鋪塔皮與烘焙

全蛋……適量

1. 將鬆弛好的杏仁甜麵糰，用直徑9.5cm的模型割出塔皮，再鋪進直徑7cm×高1.7cm的塔圈中。
2. 將**1**排在鋪上烤盤墊的烤盤上，然後在塔台上鋪烘焙紙，再平均地鋪滿塔石。
3. 放進170℃的對流烤箱中烤15分鐘。拿掉烘焙紙和塔石，在塔皮內側塗上全蛋的蛋汁後，再續烤5分鐘。放涼後，用擦菜板擦除塔邊多餘的塔皮。

組合與完成

◆20個分

肉桂粉……適量
什錦果仁糖的榛果……20個
裝飾巧克力*……20片

*裝飾巧克力
（備用量）
56%巧克力（Opera公司「Legato」）……200g

1. 巧克力加熱到50℃，再放涼到27℃，再加熱到31～32℃。
2. 將**1**倒進烤盤中，用奶油刀抹成薄薄一層。切成適當大小。

1. 放涼的塔皮裡放進香草焦糖，再放上什錦果仁糖，然後用直徑1cm的6切擠花嘴，將打發至8～9分發泡的巧克力香堤鮮奶油擠上去。
2. 撒上肉桂粉，放上榛果和裝飾巧克力。

製作適合秋冬享用的甜麵糰

妻鹿祐介主廚在神戶的甜點坊累積經驗後，遠赴法國，在榮獲法國國家最優秀職人賞的「Franck KESTENER」研修，回國後不久的2011年，於兵庫縣寶塚市的住宅區開業，當時年僅31歲。

「塔皮應該可以說是主廚為了讓派塔展現自我風格而做出來的。」妻鹿主廚表示，這款「收穫」起初也並非真的想做成塔，而是在想做出秋冬風情的小糕點時，於過程中決定使用這個杏仁風味的甜麵糰來做成塔皮。

關於甜麵糰的配方，自開店初始，妻鹿主廚就有自己的獨到見解：「單獨烤來吃吃看，如果好吃，我就用它來做。」這個配方使用了杏仁膏，感覺口味應該很濃郁，結果入口卻意外地輕脆，且杏仁的餘韻會在口中繚繞。

原本這個「收穫」是由百香果、焦糖、牛奶巧克力組成的夏季風派塔，妻鹿主廚想將它升級成適合秋冬享用，於是研發出這個創新版本。

取代百香果的是，裹上彷彿秋冬糖衣的杏仁果、榛果、核桃、杏桃乾和葡萄乾，每一種都很獨特，因而整體滋味鮮明。

此外，在焦糖、巧克力香堤鮮奶油、杏仁甜麵糰等各個細節的完成度都相當高，才成就這款塔的誕生。

由於這款麵糰很難整理成形，因此妻鹿主廚下了一點工夫。為了不傷害麵糰，他把麵糰用塑膠薄膜夾起來後，在兩側放上厚度3㎜的厚度輔助器，然後用擀麵棍擀好，就這樣放進冰箱冷藏，使之鬆弛。

為了防潮而在塔台塗上全蛋的蛋汁。據說這樣可以塗得更薄，可見他的細心。空燒完成的塔，為了美觀起見，使用小小的擦菜板擦掉邊緣多餘的塔皮。

花工夫讓牛奶巧克力乳化得更完美

填進「收穫」塔皮裡的焦糖、裹上糖衣的堅果與水果乾、巧克力香堤鮮奶油等，其實並未特別強調出哪一種味道。妻鹿主廚製作的派塔是，香氣中輕輕加入了酸味，再巧妙地轉為微苦，隨著一個部分一個部分地吃下去，會因滋味改變而煞是有趣，並且各種味道也調和得相當溫和。

「收穫」的各種滋味之所以能調和得如此恰當，是因為巧克力香堤鮮奶油中，選用了風味圓潤的牛奶巧克力。

還有一點很重要，就是左右口感的乳化方法。為了讓深邃的香氣留在口中，將鮮奶油加熱到和巧克力一樣都是45度後才放進去，而且一開始只加進一點點，先讓它們分離後，才慢慢將鮮奶油放進去，同時用橡皮刮刀攪拌至完全乳化。

「我試著改變傳統的做法，讓它們先分離一下，這樣巧克力的粒子大小會一致，粒子的含水量就會增加，口感也就更滑順了。」妻鹿主廚表示，目的就是要將香氣與美味一個一個引出來。

此外，製造出隱藏式美味的另一個要訣，在於將鹽之花放進香草焦糖的時機，也就是要在熄火後，才和吉利丁一起放進去，這樣就能出其不意地在焦糖中品嚐到鹹味了。

不僅如此，裝飾用的巧克力也很纖細，薄得彷彿展示櫃的燈光可以照透一般，令顧客賞心悅目。這些在細節上的種種用心，真了不起。

Pâtisserie Avignon

甜點主廚　佐藤 孝典

紅桃塔

塔的千變萬化

藍莓塔
＊奶油餅乾麵糰
→P.168

白起司塔
＊奶油餅乾麵糰
→P.168

地中海塔
＊奶油餅乾麵糰
→P.169

杏桃塔
＊鹹麵糰
→P.171

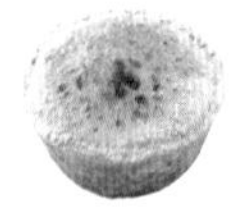

愛之井
＊鹹麵糰
→P.173

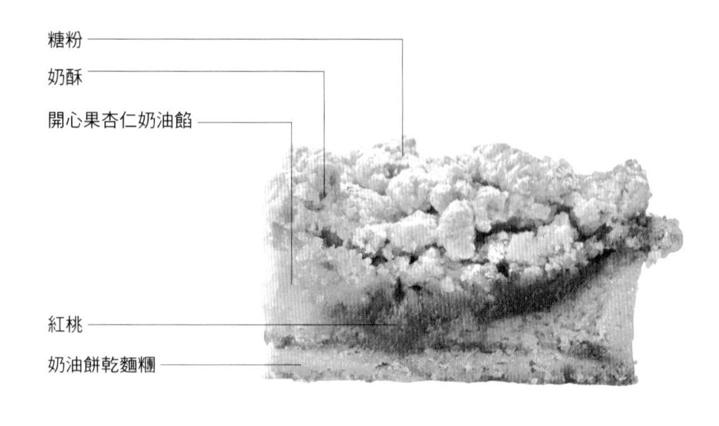

口感酥脆的奶油餅乾麵糰中，搭配開心果杏仁奶油餡和法國紅桃，外觀極其鮮艷。甜味清爽的奶油餅乾麵糰，與開心果杏仁奶油餡的風味、紅桃的酸味完美融合，呈現出高雅的甘甜。表面放上奶酥防止乾燥，並可保持杏仁麵糰的濕潤感。

塔皮

特色在於低筋麵粉：中高筋麵粉為1：2。使用了法國小麥做成的中高筋麵粉，展現出正統派塔的口感與風味。鋪進塔模後放上餡料，最後再一起烘焙。

模型尺寸：直徑12cm×高2cm

紅桃的紅與開心果的綠，
以艷麗與高雅的甜味擄獲人心

紅桃塔

1模1000日圓（未稅）／1片250日圓（未稅）
供應期間　6~8月

紅桃塔

奶油餅乾麵糰

◆直徑12cm×高2cm的塔模 約20個分

無鹽奶油（明治乳業）…………360g

A
- 鹽……………………………………6g
- 糖粉……………………………250g
- 杏仁粉…………………………85g

全蛋………………………………150g

B
- 低筋麵粉………………………220g
- 中高筋麵粉（日本製粉「Merveille」）……………480g

1. 攪拌盆中放入恢復常溫的奶油，攪拌至呈髮蠟狀。
2. 將A放進**1**中，以低速攪拌，再將打散的全蛋一點一點放進去，同時以低速攪拌。
3. 將過篩混合好的B放進**2**中，以低速攪拌。整理成形後，放進冰箱冷藏1晚。

開心果杏仁奶油餡

◆10模分

無鹽奶油（明治乳業）…………280g

A
- 糖粉……………………………300g
- 杏仁粉…………………………300g

全蛋………………………………300g

B
- 卡士達奶油餡＊………………300g
- 開心果糊…………………………40g

低筋麵粉……………………………50g

＊卡士達奶油餡
（備用量）

A
- 牛奶（高梨乳業）……………………200ml
- 香草豆莢（切開）……………………1/5根

B
- 蛋黃…………………………………………50g
- 細砂糖………………………………………60g

高筋麵粉………………………………………20g
無鹽奶油（明治乳業）……………………10g

1. 鍋中放入A，加熱至沸騰前，熄火。
2. 鋼盆中放入B，攪拌至泛白為止，再將過篩好的高筋麵粉放進去攪拌。
3. 將**1**一點一點放進**2**中，再次倒回鍋中，攪拌並煮至呈滑順的奶油狀。
4. 將奶油放入**3**中，攪拌到完全溶化。用濾網濾進方形平底盤中稍微散熱。

1. 攪拌盆中放入恢復常溫的奶油，攪拌至呈髮蠟狀。
2. 將A放進**1**中，以低速攪拌，再將打散的全蛋一點一點放進去，以低速攪拌。
3. 將B放進**2**中，以低速攪拌，再將過篩好的低筋麵粉放進去，以低速輕輕攪拌，不要拌入空氣。

奶酥

◆10模分

無鹽奶油（明治乳業）…………100g

A
- 黃砂糖…………………………100g
- 低筋麵粉………………………100g
- 杏仁粉…………………………100g
- 鹽………………………………適量

1. 奶油確實冰好後，切成約1cm小丁狀。
2. 攪拌盆中放入混合過篩好的A，再將**1**放進去，以低速輕輕攪拌。
3. 將**2**從攪拌機中拿出來，用手混拌，不要搓揉，而且要保留一點點粉狀。
4. 用濾網過濾**3**，使呈蓬亂狀，放進冰箱冷藏1晚。

鋪塔皮與烘焙

紅桃（冷凍）…………1模放1～2個

1. 將鬆弛好的奶油餅乾麵糰用壓麵機壓成厚度2.8mm，再用直徑15cm的空心模割出塔皮。
2. 將塔皮鋪進直徑12cm×高2cm的塔模中，戳洞。每一個塔台放進150g的開心果杏仁奶油餡，抹平。
3. 將切成適當大小的紅桃平均地放在**2**上面。
4. 放進160℃的對流烤箱中烤10分鐘。取出來，在上面均勻地放上奶酥，再次以160℃的對流烤箱約烤30分鐘。

完成

糖粉………………………………適量

1. 將烘烤好的塔從模型中取出來，放在網架上稍微散熱。撒上糖粉。

在塔這個容器中「調理」紅桃

佐藤孝典主廚於14、15年前到法國時，邂逅了正統且美味的派塔而感動不已。回到日本後，他嚴選食材並不斷研究，力求做出滋味與口感更接近正統的派塔。「在法國時，我才知道紅桃的季節很短，只在夏天的一兩週內販售，所以紅桃塔非常珍貴。但在日本，由於可以進口品質優良的法國冷凍紅桃，因此夏季時期可以供應3個月左右。」

「紅色的桃子和綠色的開心果，不論顏色或味道都非常搭。」因此，佐藤主廚在杏仁奶油餡裡放進了開心果。

塔皮採用口感酥脆的奶油餅乾麵糰，它和口感濕潤的杏仁奶油餡呈對比，而且還撒上奶酥，製造出口感上的變化。

對於塔，佐藤主廚說：「我想做出在塔這個容器裡面『調理』餡料的感覺。」將塔皮鋪進模型，再放進餡料一起烘烤，這種感覺就很接近「調理容器中的餡料」了。

例如這款「紅桃塔」，就是直接加進冷凍的紅桃後烘焙而成。烘焙時，在塔台裡面，奶油沸騰而煮著紅桃，而且奶油的油脂會和全體相融，最後，整個塔的濃郁、美味和風味都提高而更加可口了。建議最佳賞味時機不是剛烘烤出來時，而是經過半天，讓杏仁奶油餡的油脂與全體融合以後。

這款「紅桃塔」的製作要訣在於烘焙方式。奶油餅乾麵糰和奶酥的烘烤時間不同，因此後者要稍後再放上去，亦即，當裝了蛋奶醬和紅桃的塔台已經烤過10分鐘後，才再快速地放上奶酥烘焙，這樣就能吃到酥脆的口感了。

此外，烘焙過程中拿出烤盤時，必須注意不能造成劇烈撞擊。如果左右搖晃或是碰撞到塔的話，才膨脹起來的塔就會凹進去。塔一旦凹陷下去，再烤也不會膨脹起來，口感就會變得沉重了。

使用進口的水果，追求正統的法式風味

「我很在意這點，一定要盡力表現出正統的法式風味。」佐藤主廚表示：「塔所搭配的水果，要盡可能使用海外生產的產品。日本產的水果水分多，很難運用在口感酥脆的塔上面。使用水分少的進口水果就不必擔心濕氣問題，能夠表現出與奶油融合後的濃縮風味。」除了水果，佐藤主廚對麵粉也很講究，他不是使用單一的低筋麵粉，而是和分量加倍的中高筋麵粉混合。

中高筋麵粉是採用日本製粉「Merveille」，它是使用法國產的小麥並且以法式研磨法製作而成。據說因為使用了這種麵粉，口感與味道都更接近正統的法式派塔了。

除了塔皮的配方、水果的選用方式外，佐藤主廚在求新求變的過程中，特別注意到「三味一體」。三味就是「甜味、酸味、鹹味」，將這三種味道均衡融合，便能催生出佐藤主廚心目中的理想滋味。例如「杏桃塔」（參照171頁），就是將鹽麵糰的鹹、杏仁奶油餡的甜、杏桃的酸這三種滋味融合，令美味達到相乘效果。

佐藤主廚表示，塔最後都會撒上糖粉。「我不喜歡標新立異，我比較喜歡隨心所欲地撒上糖粉，自然而然創造出有強有弱的輕鬆感。」連撒糖粉這個最後的步驟都用心思考過，難怪這裡的派塔令人倍覺溫暖。甜味高雅得讓人想再來一個，這就是佐藤主廚的特色了。

équibalance

店東兼主廚　山岸 修

紅酒風味的無花果塔

塔的千變萬化

木莓佐開心果塔
＊甜麵糰
→P.159

信州葡萄塔
＊甜麵糰
→P.163

栗子塔
＊甜麵糰
→P.164

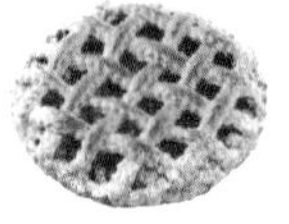

藍莓派
＊鹹麵糰
→P.170

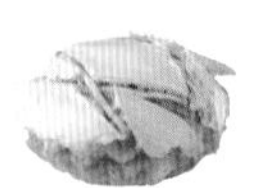

談話塔
＊千層酥皮麵糰
→P.174

糖粉
糖漬無花果
焦糖餅乾
杏仁奶油餡
覆盆子醬
甜麵糰
焦糖餅乾
杏仁奶油餡

將無花果放進加了肉桂枝和香草豆莢的紅葡萄酒中，醃漬一整天，再滿滿地擺在塔上面。無花果帶有顆粒的口感與優雅的甜味，讓這款塔大受歡迎。此外，杏仁奶油餡中加了比利時焦糖餅乾香料和香草原汁（Mon Reunio），因而口感濃郁，和無花果形成絕配。而杏仁奶油餡中間薄塗一層酸酸甜甜的覆盆子醬，也令人眼睛一亮。

塔皮

為了製作出口感酥鬆的甜麵糰，採用了莎布蕾手法，並且加進香草原汁（Mon Reunio），芳香怡人。

模型尺寸：直徑21cm×高2.5cm

複合香料的芳醇與
糖漬無花果完全結合！

紅酒風味的無花果塔

1模3800日圓（含稅）／1片464日圓（含稅）
供應期間　8月～11月上旬

紅酒風味的無花果塔

甜麵糰

◆直徑21cm×高2.5cm的塔模 1模分

發酵奶油（明治乳業）……………150g
A
- 低筋麵粉（增田製粉所「寶笠GOLD」）……………250g
- 糖粉……………100g
- 杏仁粉……………30g

全蛋……………50g
鹽……………2.5g
香草原汁（Mon Reunio）………1滴

1. 攪拌盆中放入冰冷的奶油和預先過篩好冰冷的A，以低速混合成細沙狀。
2. 全體呈沙沙狀態後，將全蛋、鹽巴和香草原汁放進去。
3. 混拌均勻後，將麵糰整理成形拿出來，用塑膠袋包起來，放進冰箱冷藏1天。

糖漬無花果

◆直徑21cm 約2模分

無花果……………24個
A
- 紅葡萄酒……………500ml
- 細砂糖……………500g
- 肉桂枝……………1根
- 香草豆莢……………1根

1. 銅鍋中放入A，煮沸後熄火，將無花果放進去，醃漬一整天。

焦糖餅乾杏仁奶油餡

◆備用量

發酵奶油……………250g
糖粉……………200g
全蛋……………150g
杏仁粉……………150g
酸奶油……………25g
香草原汁（Mon Reunio）………1滴
比利時焦糖餅乾香料（Speculoos，DELSUR JAPAN）……………5g

1. 將恢復成常溫的奶油和糖粉用攪拌機慢慢混合。
2. 將打散的蛋的1/5量放進**1**中攪拌，再將杏仁粉的1/5量放進去攪拌。這個作業交互重複5次，以低速攪拌，不要拌入空氣。
3. 將酸奶油、香草原汁、焦糖餅乾香料放進**2**中，全體混拌均勻後，放進冰箱冷藏1天。

覆盆子醬

◆備用量

細砂糖……………50g
果膠（Yellow ribbon）…………1.5g
A
- 覆盆子果泥……………500g
- 鏡面果膠……………500g
- 水飴……………250g

1. 將一部分細砂糖和果膠一起混拌均勻。
2. 鍋中放入A和**1**剩下的細砂糖，煮至沸騰後熄火，將**1**放進去，用打蛋器約攪拌7分鐘，邊攪拌邊煮。

鋪塔皮與烘焙

◆1模分

糖漬無花果……………12個
杏仁奶油餡……………350g
覆盆子醬……………少量

1. 甜麵糰冰好變硬後，用壓麵機壓成厚度3mm，用戳洞滾輪戳出氣洞。
2. 用直徑24cm的模型割出塔皮。
3. 將**2**鋪進直徑21cm×高2.5cm的塔模中，必須緊密貼合。此時不要撲手粉。
4. 以圓形擠花嘴將1/2量的杏仁奶油餡薄薄地、均勻地擠到**3**上面，再將覆盆子醬薄薄地、均勻地擠上去。
5. 將剩下的杏仁奶油餡擠上去。然後將事先瀝掉糖漿、對半切好的糖漬無花果放上去。放進上下火皆為180℃的烤箱烤45～50分鐘。

組合與完成

糖漬時用的糖漿……………適量
糖粉……………適量

1. 將糖漬時用到的糖漿煮沸，塗在烤好的無花果上。
2. 稍微放涼後，撒上糖粉。

用莎布蕾手法 來呈現甜甜酥鬆的塔皮

「équibalance」2003年於京都市左京區開幕，2012年搬到相隔很近的白川路上，店內有琳瑯滿目的生菓子、燒菓子、巧克力等，種類豐富而具高人氣。

關於製作甜點的目標，山岸修主廚表示：「就是要做出視覺、嗅覺和味覺都能滿足的甜點，而且三者要達到均衡。」也就是運用素材原本的味道與口感等，再加上主廚的匠心，做出更有存在感的甜點。而這些在塔的製作工程上都能表現出來。

這裡介紹的「紅酒風味的無花果塔」，是在每年8月到11月上旬登場的人氣派塔之一，特色就在甜麵糰的製作方法。

甜麵糰的一般做法是，將砂糖放進回軟的奶油中攪拌，再放進蛋黃攪拌，最後放進麵粉拌成黏土狀。不過，山岸主廚採用的是莎布蕾手法。

「我想做出的麵糰是，要直接保有甜麵糰的甜味，但又要有鹹麵糰那種酥鬆的口感。」

攪拌盆中放入剛從冰箱拿出來的奶油，以及冰好的低筋麵粉、糖粉、杏仁粉，以低速攪拌。攪拌過程中必須密切觀察，讓機器小幅地轉動，攪拌到奶油塊不見、變成麵包粉那樣鬆鬆的狀態。

此時機器若轉動得太過度，奶油會鬆軟，烤出來的麵糰口感就變了，須特別注意。然後將全蛋、鹽巴、香草原汁放進去，攪拌。食譜中所採用的香草原汁是在留尼汪島（Réunion）製造的天然香草精「Mon Reunio」。

這種香草精不僅能提升香氣，還能將材料的個別風味全都襯托出來而製作出滋味纖細的麵糰。待攪拌均勻後，將麵糰用塑膠袋包起來，放進冰箱冷藏一天。

要訣在於先將所有材料冰好，製作時速度要快，不讓奶油的溫度上升。

將鬆弛了一天的麵糰從冰箱拿出來，立刻以壓麵機壓成厚度3㎜，再用戳洞滾輪戳出氣孔。由於放進了杏仁奶油餡，很容易加熱，因此必須確實戳洞。

鋪塔皮時，重點在於「不要給塔皮造成負擔」。在室溫20度的涼爽空間裡，將塔皮移到塔模上，迅速鋪展下去。

不要過度拉扯塔皮，像是讓它自然地垂下去般，一邊放下去一邊讓它確實貼緊塔模。這些理所當然的步驟都能一一細心完成的話，就能烤出理想中的口感了。

使用複合式的香料，香氣怡人

山岸主廚偏好「放上滿滿的水果一起烘烤的塔」。因此在製作上特別重視「香氣」而選用烘烤後香氣倍增的發酵奶油。此外，還積極放入黑胡椒、粉紅胡椒、比利時焦糖餅乾香料等。

「金桔就用粉紅胡椒、芒果就用胡椒，水果和香料意外地超搭。我以前都用黑胡椒配無花果塔，現在則改用比利時焦糖餅乾香料。只要發現新的香料很搭，我就會積極使用。結果就是開業11年來，有大半的甜點都慢慢改變風味了。」山岸主廚表示，他原本就是在法國做甜點起家的，香料在那裡隨時可得，因此運用在甜點上是自然而然的結果。

這次所使用的比利時焦糖餅乾香料，綜合了肉桂、小豆蔻、檸檬、丁香等四種香料，香氣自不在話下，還能襯托出整體滋味的深度來。

「思考新的香料與素材的組合，是一件非常愉快的事。」山岸主廚說。一直在進步當中的「équibalance」，今後的發展令人期待。

PÂTISSERIE GEORGES MARCEAU

甜點主廚　江藤 元紀

無花果塔

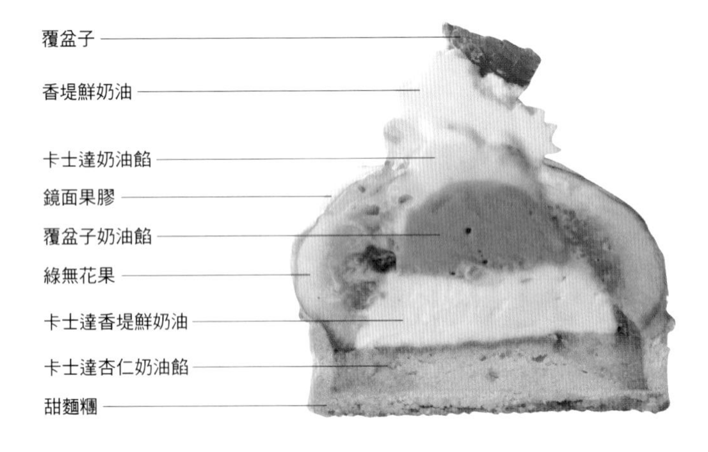

以成熟後呈黃綠色而非常珍貴的無花果「國王」（THE KING）為主角。「國王」只在夏天出產，特色是具有清爽的甘甜且無怪味。這款塔為了將「國王」的原味發揮到極限，在卡士達奶油醬中混進鮮奶油讓口感更輕盈，用來提振無花果淡淡的滋味，再與覆盆子奶油餡的酸味相融合。「國王」為日本佐賀縣唐津產。

塔的千變萬化

桃子塔
＊甜麵糰
→P.159

紅桃塔
＊甜麵糰
→P.163

白起司蛋糕
＊甜麵糰
→P.165

反烤蘋果塔
＊千層酥皮麵糰
→P.175

塔皮

為了表現出更為沙沙的口感，用莎布蕾手法來製作甜麵糰。將塔皮與塔模緊密貼合，確實貼出底部的邊角，再擠上卡士達杏仁奶油餡後烘烤。

模型尺寸：直徑6.5cm×高1.5cm

將夏季無花果「國王」的
清爽甘甜與黃綠色發揮出來

無花果塔

440日圓（含稅）
供應期間　7月中旬起2週左右

無花果塔

甜麵糰

◆直徑6.5cm×高1.5cm的塔圈　約20個分

低筋麵粉（昭和產業「C blanc」）……400g
糖粉……137g
杏仁粉……48g
無鹽奶油（四葉乳業）……240g
全蛋……80g
鹽……4g

1. 將低筋麵粉、糖粉、杏仁粉過篩混合好。
2. 奶油切成小丁狀，在常溫下放軟，放至比髮蠟狀再更硬一點。
3. 用攪拌機將**1**的粉類和**2**的奶油攪拌至不結粒的狀態為止（呈細沙狀）。
4. 將鹽巴放進蛋中，拌勻，然後放進**3**中，用攪拌機攪拌至看不見粉狀為止。
5. 將**4**倒進方形平底盤中，用保鮮膜封住，放進冰箱冷藏1～2小時。

卡士達杏仁奶油餡

◆約40個分

無鹽奶油……200g
糖粉……180g
全蛋……140g
卡士達奶油餡（參照右欄）……140g
黑萊姆酒（MYERS`SRUM）……25g
杏仁粉……200g
低筋麵粉（昭和產業「C blanc」）……70g

1. 奶油恢復常溫後，用攪拌機充分攪散，再將糖粉放進去攪拌。
2. 一邊攪拌**1**，一邊將打散的蛋分3～4次放進去。
3. 蛋都混合好後，將攪散的卡士達奶油餡放進去，再次拌勻。
4. 拌勻後，將萊姆酒放進去攪拌。
5. 最後將過篩好的杏仁粉和低筋麵粉放進去拌勻，再放進冰箱冷藏1～2小時，使之充分融合。

卡士達奶油餡

◆備用量

牛奶……1000ml
香草豆莢……1/2根
細砂糖……200g
蛋黃……200g
低筋麵粉……40g
玉米粉……40g
無鹽奶油……50g

1. 從香草豆莢刮出香草豆，連同豆莢一起放進牛奶中煮沸，使香草的香氣釋放出來。
2. 蛋黃中放進細砂糖、過篩好的低筋麵粉與玉米粉，用打蛋器攪拌至看不見粉狀後，將**1**放進去拌勻。用濾網濾進銅鍋中，煮沸到中心冒泡的程度為止。
3. 煮好後將奶油放進去使之溶化，再倒進方形平底盤中放涼。

覆盆子奶油餡

◆約70個分

A
覆盆子果泥……200g
細砂糖……50g
蛋黃……60g
全蛋……75g
檸檬汁……22g
吉利丁片……2g
無鹽奶油……75g

1. 將A放進銅鍋中，以中火加熱至84～86℃（中心冒出氣泡的程度）。
2. 將用冰水泡軟的吉利丁放進去，使之溶化後過濾，放在冰水中冰鎮至常溫。
3. 將恢復常溫的奶油放入**2**中，用手持電動攪拌棒攪拌至呈滑順狀態。
4. 將**3**倒進有直徑3cm×高2cm的半球形模型的烤盤中，放進冰箱冷凍使之凝固。

卡士達香堤鮮奶油

◆4個分

卡士達奶油餡……100g
35%鮮奶油（八分發泡）……30g

1. 用刮刀將攪散的卡士達奶油餡與八分發泡的鮮奶油攪拌均勻。

鋪塔皮與烘焙

1. 一邊撒上手粉（高筋麵粉／適量），一邊將甜麵糰用擀麵棍擀成厚度3mm，然後用直徑10cm的模型割出塔皮。用叉子在塔皮上均勻地戳洞，再鋪進直徑6.5cm×高1.5cm的塔圈中。
2. 用9號的圓形擠花嘴將卡士達杏仁奶油餡擠進塔台，約擠到一半的高度，然後放進上下火皆為160℃的烤箱中約烤30分鐘。烤好後脫模，放在網架上散熱。

組合與完成

◆1個分

綠無花果（國王）……1個
鏡面果膠……適量
香堤鮮奶油（加糖7%）……適量
覆盆子……1個
百里香……適量

1. 將卡士達香堤鮮奶油擠進放涼的塔台中，約擠到高度3cm，然後將覆盆子奶油餡平面朝下地放上去，再擠上少量的卡士達奶油餡。
2. 將去皮後的無花果縱切成8等分後，放在**1**上面，將奶油餡圍起來，表面塗上鏡面果膠。
3. 用星形擠花嘴擠上少量的香堤鮮奶油，放上覆盆子和百里香，覆盆子的上面再擠上鏡面果膠。

用覆盆子的酸，讓塔的滋味如波浪般起伏

「PÂTISSERIE GEORGES MARCEAU」是以「將九州的美食推廣至全國」為概念而發展出來的福岡赤坂「GEORGES MARCEAU」的姊妹店。該集團積極採購九州生產者的食材，將它們介紹給顧客，進而推廣到日本各地去。

而這家店也是秉持同樣精神，以法式甜點為基礎，使用金桔、凸頂柑、李子、葡萄等九州產的時令水果做成甜點，讓大家品嚐到它們的美味。據江藤元紀主廚表示，店裡的塔多半是以能夠大量使用水果、發揮它們的美味為前提而設計出來的。

這裡介紹的「無花果塔」也是沿襲這個概念，以佐賀縣唐津市的生產者富田先生所種植的黃綠色無花果「國王」為主角。

一般的無花果會在初秋上市，但「國王」的產期是在夏天。「一般的無花果甜味濃郁，相較之下，『國王』的特色是甜味較清爽，而且沒有怪味，接受度高。」江藤主廚說。

在設計以水果為主的派塔時，要把握住的原則就是將水果的原味發揮到極限。

這款「無花果塔」就是完全發揮「國王」原味中清爽的甘甜與美麗的黃綠色，因此直接使用新鮮的水果。

製作甜點時，有時會依水果的種類而加工製成蜜餞，或是用香草來增添香氣、用蜂蜜來提升甜度。

「我去看了栽培的情況，也問過農園裡的人，就慢慢知道該怎麼運用它了。」江藤主廚表示，親自到農場去看看這點很重要，而他也確實在現場受到不少啟發。

無花果本身雖有甜味，但非常淡而纖細，很容易被蓋掉，因此選用與無花果極搭的覆盆子做成奶油餡，而且不使用乳製品，將覆盆子濃郁的口感與鮮明的酸味發揮出來，讓整顆塔的味道富有層次感。

卡士達香提鮮奶油的作用是連結無花果與覆盆子。在卡士達奶油餡中放入百分之30的打發鮮奶油，做出鬆軟的輕盈感。

用莎布蕾手法提升麵糰的沙沙感

為了無花果和覆盆子這個組合，特別選用甜麵糰。很多水果塔都是採用甜麵糰，但若是水果本身的甜度太強，就會使用脆皮麵糰。

這個甜麵糰的特色在於，一開始是採用將粉類和奶油混合這種莎布蕾手法，做出來的口感會比一般的甜麵糰更有沙沙感。

為顧及作業效率，使用攪拌機來攪拌，但攪拌過度會導致口感偏硬，因此只要攪拌到奶油不結粒的狀態即可。

江藤主廚也很在意塔皮的底部是否做出美麗的邊角，要求不論哪一面都要仔細鋪出均一的厚度。

「沒有塔台就做不出塔這個甜點了，我以前經常從主廚那裡聽到鋪塔皮這個工作的重要性。正因為這個動作很簡單，所以仔細去做就能做出美味來。我覺得甜點師傅的每一天都是深具魅力的。」江藤主廚很有心得地說。

蛋奶醬方面則使用卡士達杏仁奶油餡。江藤主廚覺得只用杏仁奶油餡的話會有點乾，所以加進了卡士達奶油餡，讓整體更滑順。製作時須注意不要拌入過多空氣，才不會變得太蓬鬆。

從前的配方中，卡士達奶油餡的用量是目前的1.5倍。卡士達奶油餡較多時，口感會更濃郁且濕潤，但江藤主廚想做出輕盈感而改成目前的配方。符合日本人的味覺、「輕得讓人想再吃一個」，是江藤主廚製作甜點的初衷。

PATISSERIE
a terre

店東兼主廚　新井 和碩

紅酒無花果塔

以紅酒和香料煮成的無花果為主角。而與這個包含了八角、肉桂、柳橙芳香的香料無花果蜜餞搭配的，是以紅茶來增添香氣的巧克力奶油餡。塔台則是口感沙沙而略帶酥脆的甜麵糰。此外，杏仁奶油餡和黑醋栗一起烘烤，芳馥中隱藏著黑醋栗的酸甜，別有滋味。

塔的千變萬化

談話塔
＊千層酥皮麵糰
→P.174

蘋果法式薄片塔
＊千層酥皮麵糰
→P.174

反烤蘋果塔
＊千層酥皮麵糰
→P.175

塔皮

全部採用法國生產的麵粉來製作出口感好的甜麵糰，因此塔皮的存在感絕不亞於香料氣味強且相當有個性的餡料。塔台裡放進杏仁奶油餡和黑醋栗後烘烤。

模型尺寸：直徑6.5cm×高1.5cm

訴諸視覺與嗅覺的
香料無花果塔

紅酒無花果塔

480日圓（未稅）
供應期間　10月～3月

紅酒無花果塔

甜麵糰

◆直徑6.5cm×高1.5cm的塔圈　10個分

發酵奶油……100g
糖粉……80g
全蛋……54g
中筋麵粉（日本製粉「Merveille」）……200g
杏仁粉（西班牙產MARCONA種）……60g

1. 讓奶油呈髮蠟狀後，將糖粉放進去攪拌，再將全蛋分3次左右放進去，同時用電動攪拌器攪拌。
2. 將中筋麵粉、杏仁粉放進去攪拌，將麵糰整理成形後，放進冰箱冷藏1晚。

杏仁奶油餡

◆10個分

發酵奶油……56g
糖粉……56g
全蛋……34g
蛋黃……10g
杏仁粉（西班牙產MARCONA種）……56g
中筋麵粉（日本製粉「Merveille」）……6g

1. 讓奶油呈髮蠟狀後，將糖粉放進去，以電動攪拌器攪拌，但不要打到發泡，再將全蛋、蛋黃一點一點放進去。
2. 將杏仁粉、中筋麵粉放進去攪拌，移到容器中，放進冰箱至少冷藏1天。

無花果蜜餞

◆10個分

紅酒……250g
細砂糖……50g
柳橙果皮……1/2個分
八角……1個
肉桂枝……1/2根
香草豆莢……1/2根
無花果乾（西班牙產「Pajarero」種）……150g

1. 將無花果乾以外的材料放進鍋中，煮沸。
2. 沸騰後熄火，將無花果乾放進去，蓋住，醃漬1天。

紅茶巧克力奶油餡

◆10個分

水……25g
紅茶……3g
35％鮮奶油……145g
60％巧克力（CHOCOVIC公司「Kendarit」）……50g

1. 將適量的水煮沸，再將紅茶茶葉放進去，然後放進50g鮮奶油，煮到沸騰前熄火，將紅茶香味釋放出來。
2. 將巧克力放進鋼盆中使之溶化，再將**1**用濾網一邊濾進去一邊攪拌到完全乳化。
3. 將剩下的95g鮮奶油放進去，輕輕攪拌，用保鮮膜封住，靜置1晚。
4. 使用前用攪拌機打發到尖角挺立的狀態。

鋪塔皮與烘焙

◆1個分

整顆黑醋栗……5～6粒

1. 將甜麵糰用壓麵機壓成厚度2mm，再用直徑9cm的模型割出塔皮。
2. 將**1**鋪在直徑6.5cm×高1.5cm的塔模中，然後擠進20g的杏仁奶油餡，再填進整顆黑醋栗。放進塔石，不要戳洞。
3. 烤盤上鋪一張有氣孔的烤盤布，將**2**放上去，以180℃的對流烤箱烤成褐色。放涼至常溫狀態。

組合與完成

◆1個分

鏡面果膠……適量
可可粉……適量
香料粉……適量
乾柳橙片……1片
八角……1個
香草豆莢……1根

1. 擠一點紅茶巧克力奶油餡放在烤好的甜麵糰中央，再將一顆無花果蜜餞切成4等分，然後放5片上去，排在奶油餡的四周，再塗上鏡面果膠。
2. 將剩下的紅茶巧克力奶油餡用10號的星8切擠花嘴擠在上面，再輕輕撒上可可粉、香料粉，最後放上乾柳橙片、八角和香草。

嚴選西班牙產的無花果當主角

新井和碩主廚特別喜歡法式甜點：「尤其塔的材料很簡單，能夠襯托出素材的風味，我尤其喜歡。」而他最擅長的類型就是水果與塔皮一起烘烤的派塔。平時即熱衷尋找素材，這款「紅酒無花果塔」即是遇上了珍貴的無花果後研發出來的產品。

「這個無花果是西班牙產的『Pajarero』品種，比一般的無花果乾稍小一點，皮很薄，連皮一起吃，整個很軟，好吃極了，所以我用它來當塔的主角。」

將無花果與柳橙皮、八角、肉桂、香草一起用紅酒煮成蜜餞，香料的味道突出，個性十足。

塔皮採用甜麵糰。新井主廚向來依不同的麵糰使用不同的麵粉，這次的甜麵糰是選用帶有濃濃小麥香的法國產純小麥製成的「Merveille」麵粉，配上風味與香氣皆屬世界頂級的西班牙產「MARCONA」種的杏仁粉；奶油則是製造方法與歐洲奶油相同的前發酵型奶油，也就是在尚未變成奶油之前的鮮奶油階段，添加乳酸菌使之長時間發酵，因而酸味溫和、風味豐富。

不僅素材嚴選，烘焙上也下了一番工夫，使用網狀的烤盤布讓烘烤時多餘的油脂滴落，而烤出無與倫比的沙沙感。

杏仁奶油餡也是使用前述的麵粉與杏仁粉製作而成。為避免烘烤後出現凹凸不平，混合材料時刻意輕輕攪拌，不打到發泡；倒進塔台後，放上五、六顆黑醋栗。「重點在於不要放太多，只在咬到黑醋栗時才吃得到酸味，這樣的比例剛剛好。」

裝飾於最上面的餡料以增添風味為大前提，例如常用來添加無花果香氣的黑醋栗、香草、柳橙，都能刺激視覺與味覺。

用心布局香氣與風味，令人回味無窮

新井主廚認為：「如果吃下去的味道和看到時預測的一樣，就不好玩了。」他在無花果蜜餞中添加香料，便是為了創造驚喜。「紅酒漬無花果是基本的，但我想再做出一些變化，於是加了香料。八角雖然香氣獨特，但常用在法式的烘焙甜點上。我還選了柳橙、肉桂、香草，因為它們和我用於奶油餡中的巧克力極搭。」

此外，這款塔最大的特色便是充滿了紅茶香氣的巧克力奶油餡。「帶香料風味的無花果要是太突出，就會有點難以下嚥，所以我想加點爽口的滋味進去，就在巧克力奶油餡中用伯爵紅茶來增加香氣。」伯爵紅茶是用香檸檬來增添香氣的，而這裡所使用的無花果，也是用和香檸檬同屬柑橘系的柳橙來提香，因此相當速配。

素材的個性愈強烈，整體的平衡愈重要。這款塔是以無花果為主角，再選用與之相搭的香料、奶油餡和塔皮。

之所以選用巧克力奶油餡，是因為它比一般的奶油餡更緊實，與塔皮的整體感更佳。一般的塔都在追求口感的抑揚頓挫，但這款塔追求的是香氣的層次感與獨特性；品嚐前芬芳撲鼻，品嚐時香氣竄入鼻腔，品嚐後口中餘韻盈繞，一切都在主廚的算計中。

「我想背叛品嚐者的期待，不過，是好的背叛。我並不想使用特殊的技法，或者疊了幾層彩色的塔皮和餡料，製造出華麗的視覺效果，我想做的塔是，做法普通，外觀樸素，但一吃就讓人驚喜連連。」

Tous Les Deux

店東兼甜點主廚　筒井 智也

柑橘太陽

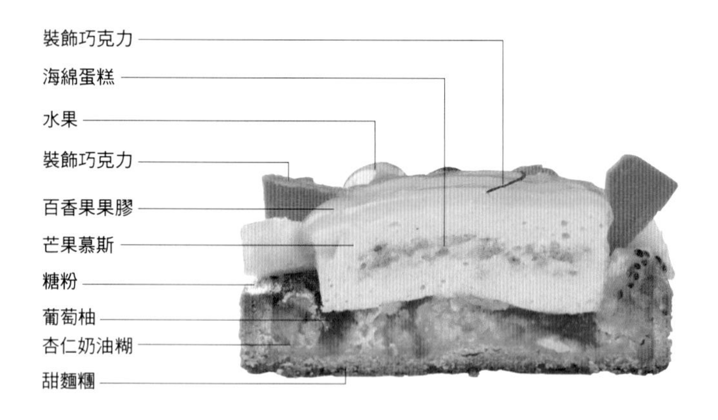

塔皮採用甜麵糰，杏仁奶油糊則是使用自家研磨新鮮杏仁果而成的杏仁粉。塔台中放進葡萄柚一起烘烤，香氣更怡人。塔台上放了芒果與百香果做成的慕斯，用鏡面果膠與水果來增添水嫩感。慕斯裡的海綿蛋糕吸飽了果汁，咬下去會滲出糖漿而樂趣倍增，整體造型如太陽般青春洋溢。

塔皮

為與慕斯相搭，在甜麵糰中加入杏仁粉，製造出柔軟的口感。要訣在於迅速鋪塔皮與烘烤前須先冷凍。

模型尺寸：直徑9cm×高1.5cm

塔的千變萬化

蜂蜜檸檬塔
＊甜麵糰
→P.158

尤利安（Julian）
＊甜麵糰
→P.159

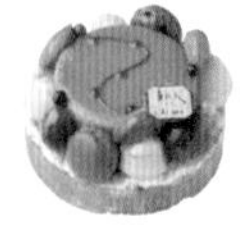

秋之太陽
＊甜麵糰
→P.164

太陽
＊甜麵糰
→P.165

經過縝密布局，
設計出如南法太陽般的派塔

柑橘太陽

490日圓（未稅）
供應期間　夏季～秋季

柑橘太陽

甜麵糰

◆直徑9cm×高1.5cm的空心模 約480個分

發酵奶油（明治乳業）………2000g
糖粉……………………………1205g
蛋黃……………………………8個分
全蛋……………………………8個
杏仁粉…………………………901g
鹽………………………………16g
低筋麵粉（小田象製粉「Particule」）………………3000g

1. 將呈髮蠟狀的奶油和糖粉一起放進攪拌機中以低速攪拌。再依序放進蛋、杏仁粉、鹽巴、低筋麵粉攪拌，用保鮮膜封住後，放進冰箱冷藏1天。

杏仁奶油糊

◆40個分

新鮮杏仁果……………………450g
發酵奶油（明治乳業）………450g
上白糖…………………………450g
全蛋……………………………450g
黑萊姆酒………………………50ml

1. 將50g杏仁果烘烤好，然後和剩下的杏仁果一起放進食物調理機中磨成1.5mm的碎粒，做成杏仁粉。
2. 奶油溶化成液態奶油後，將所有材料放進去，用打蛋器攪拌。

海綿蛋糕

◆60cm×40cm的烤盤 1盤分

全蛋（當中有800g使用「葉黃素機能蛋」）…………1250g
上白糖…………………………625g
蜂蜜……………………………37.5g
發酵奶油（明治乳業）………112.5g
低筋麵粉（小田象製粉「Particule」）………………625g

1. 將蛋和上白糖打發到泛白為止。再將蜂蜜、奶油放進去，用打蛋器攪拌，再將低筋麵粉放進去攪拌。
2. 將1倒進烤盤中，用180℃的烤箱約烤60分鐘。
3. 切成厚度1cm，用直徑5cm的空心模割出來。

芒果慕斯

◆直徑6cm×高1.5cm的空心模 80個分

蛋黃……………………………8個分
上白糖…………………………40g
百香果泥………………………240g
芒果泥…………………………304g
吉利丁片………………………24g
義式蛋白霜
- 水……………………………50g
- 細砂糖………………………162g
- 蛋白…………………………108g

40%鮮奶油（明治乳業）……600g
100%柳橙汁……………………適量

1. 將蛋黃和上白糖打發至泛白為止。
2. 將2種果泥放入鍋中煮沸，再將1放進去攪拌，然後倒回鍋中加熱至80℃，熄火。再將泡軟的吉利丁放進去，使之溶化。
3. 水和細砂糖以小火煮至110℃，做成糖漿。蛋白打至三分發泡後，將糖漿放進去，同時完全打發。
4. 將打至八分發泡的鮮奶油和2、3一起混合，然後倒進空心模中，倒至1/3滿，中間放入一片海綿蛋糕，淋上柳澄汁。再倒進剩下的液體，放涼使之凝固。

鋪塔皮與烘焙

◆1個分

葡萄柚…………………………2瓣
100%柳橙汁……………………適量
100%檸檬汁……………………適量

1. 甜麵糰以擀麵棍擀成厚度2mm，用直徑12cm的圓形模割出塔皮。在直徑9cm×高1.5cm的空心模內側薄塗一層無鹽奶油（適量），然後迅速鋪進塔皮。用刀子切掉空心模上面多餘的塔皮。
2. 用湯匙舀一匙杏仁奶油糊放進1裡。將2瓣葡萄柚各分成3、4個小塊後放上去，然後放進冰箱冷凍。
3. 冷凍後，放進上火180℃、下火200℃的烤箱烤40分鐘。將柳橙汁和檸檬汁混合後塗上去，放涼至常溫狀態。

組合與完成

◆1個分

糖粉……………………………適量
顆粒狀巧克力（VALRHONA公司「PERLES CRAQUANTES」）……………………1～2粒
裝飾巧克力（板狀）…………適量
裝飾巧克力（極細狀）………適量
百里香葉………………………適量
水果（柳橙、葡萄柚、奇異果、鳳梨、油桃、麝香葡萄、藍莓）……………………適量
百香果果膠*……………………適量

*百香果果膠
（備用量）

鏡面果膠………………………600g
芒果泥…………………………120g
百香果泥………………………80g
果膠……………………………11g
細砂糖…………………………11g

1. 將鏡面果膠與2種果泥一起加熱。
2. 將果膠與細砂糖預先拌勻，然後放進1中，攪拌後過濾。

1. 塔台撒上糖粉，中間放進芒果慕斯。
2. 慕斯上面塗百香果鏡面果膠。
3. 將柳橙和葡萄柚的1瓣分成3等分，然後各放1～2個，再將奇異果、鳳梨、油桃切成1.5cm的小丁狀，各放4～5個，麝香葡萄切對半，藍莓1顆，分別裝飾在慕斯的周圍。
4. 最後放上顆粒狀的巧克力、裝飾巧克力和百里香葉。

將在法國邂逅的派塔改良成自我風格

筒井智也主廚在法國、比利時、盧森堡都有過修業經驗，之所以對派塔特別偏愛，是因為「走到哪都是塔。」原本志在學習餐後甜點，但過程中便被塔的魅力所折服了。拜做過無數個塔之賜，筒井主廚對自己鋪塔皮的正確性與速度深具信心，他笑著說：「我不會輸給任何人。」在塔皮因手溫關係而疲軟之前便迅速鋪完，並將多餘的塔皮用刀切除，完全是專業級手法。

筒井主廚在法國吃到一款只有新鮮草莓和紅醋栗做成的果醬放在甜麵糰上，沒有奶油餡及其他任何餡料的塔，讓他非常感動。「就像是日本老奶奶做的萩餅那樣樸素，沒有任何裝飾，但是好吃極了，我當時就想做出這樣的塔。」店內的招牌甜點「太陽」，就是從這個體驗誕生出來的。

由於在日本無法取得新鮮的紅醋栗而不能做到如此極簡，因此筒井主廚以自己擅長的慕斯來取代，朝多重滋味的方向改進，也就是在香草慕斯上面塗鮮紅的紅醋栗果醬，在杏仁奶油餡中放整顆黑醋栗進去烘烤，然後在周圍排滿一圈草莓，組合成太陽造型。

筒井主廚已經設計出多款「太陽」的改良版，目前他最滿意的就是這款「柑橘太陽」。「葡萄柚即使烘烤，香氣也不會跑掉，非常棒，我認為它是烤起來最好吃的水果了。」筒井主廚說。

使用自家製作的粗粒杏仁粉

製作派塔時，筒井主廚相當重視杏仁粉。他自行採購新鮮的杏仁果，然後研磨成1.5㎜的粗粒狀，因此製作出來的成品比一般杏仁粉做出來的更香、更酥脆。「法國的馬卡龍之所以好吃，就是使用了粗末狀的杏仁粉。日本生產的杏仁粉都很細，所以我就自己來研磨。」筒井主廚在研磨之前，會將一成多一點的杏仁先烘烤過，讓香氣更突出。

將發酵奶油溶成液態奶油後，再和自家製作的杏仁粉混合成可用湯匙舀起來的杏仁糊。

將奶油溶成液態後，奶油不易凝結，也就不含空氣，因此可均勻加熱。將杏仁奶油糊倒進塔台後，先冷凍起來。

因為如果在常溫狀態下加熱，底部會膨脹，就有可能受熱不均；而有了這道先行冷凍的工序，就完全沒必要戳洞了。

到這個階段，塔台就算直接吃也非常可口，但筒井主廚還放上了慕斯，製造出奢侈的搭配效果。

慕斯中間多半會夾著海綿蛋糕。將慕斯倒至模型的三分之一高，不先行凝固而直接放上海綿蛋糕，讓它狀似漂浮，然後淋上果汁，再倒滿慕斯。

在放涼凝固的過程中，慕斯會滲進海綿蛋糕裡，於是吃起來就有糖漿溢出的樂趣了，這些都是筒井主廚的精心設計。為使海綿蛋糕的質地更為柔軟，特別使用葉黃素機能蛋。最後塗上鏡面果膠製造光澤，再於周圍擺飾一圈水果。「太陽」的其他改良版也都會裝飾上一圈水果。

看到筒井主廚的配方，發現組成部分之多及數字之精細令人咋舌。所有配方皆以1g為單位，經過縝密計算與結合，重重構造一吃進嘴裡，立即呈現出完美的整體感。

店裡總是陳列著各種豐盛的塔，每一個都是從塔皮到裝飾部分充滿了甜點的樂趣，而且裝飾皆美得出奇，擺在展示櫃裡，色彩鮮艷得令人賞心悅目。

LOTUS 洋菓子店

店東兼主廚　木村 良一

洋梨佐栗子塔

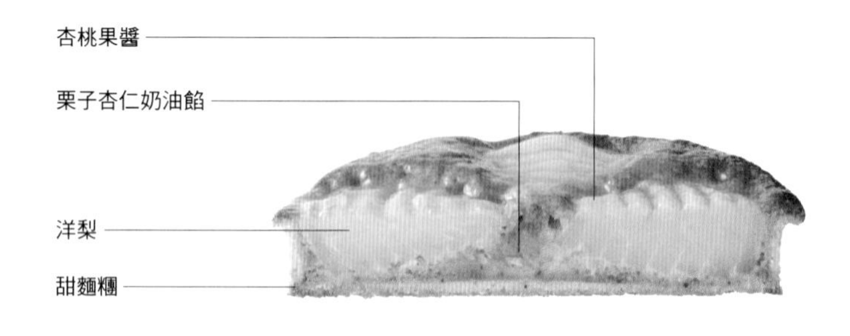

木村良一主廚表示，使用時令水果的塔，幾乎都是直接使用新鮮水果。在同一季節、同一土地上大量採收的水果都很搭，因此秋天的招牌派塔就是「洋梨佐栗子塔」了，它是將新鮮洋梨與生栗子做成的和栗糊放進杏仁奶油餡中，再放進甜麵糰裡，仔細烘焙出滋味溫和、質地柔軟的怡人好味道。

塔皮

採用口感酥脆輕盈的甜麵糰。奶油與烘烤後麵粉的香氣在口中擴散，甘甜的餘韻中帶著絲絲的酸味。

模型尺寸：直徑14cm×高2cm

塔的千變萬化

栗子塔
＊甜麵糰
→P.164

紅醋栗塔
＊甜麵糰
→P.164

杏仁塔
＊甜麵糰
→P.167

愛之井
＊千層酥皮麵糰
→P.175

洋梨的新鮮多汁，
搭上內含栗子的杏仁奶油餡

洋梨佐栗子塔

1900日圓（含稅）
供應期間　9月～10月中旬

洋梨佐栗子塔

甜麵糰

◆直徑14cm×高2cm的塔圈 10模分

無鹽奶油（高梨乳業「特選北海道奶油」）⋯⋯⋯⋯300g
糖粉⋯⋯⋯⋯⋯⋯⋯⋯⋯⋯⋯⋯190g
香草糖⋯⋯⋯⋯⋯⋯⋯⋯⋯⋯⋯約1g
鹽⋯⋯⋯⋯⋯⋯⋯⋯⋯⋯⋯⋯⋯⋯5g
全蛋⋯⋯⋯⋯⋯⋯⋯⋯⋯⋯⋯⋯100g
杏仁粉⋯⋯⋯⋯⋯⋯⋯⋯⋯⋯⋯⋯25g
低筋麵粉（日清製粉「VIOLET」）⋯⋯⋯⋯⋯⋯⋯⋯⋯⋯⋯⋯500g

1. 攪拌盆中放入回軟的奶油、糖粉、香草糖、鹽巴，以低速攪拌。
2. 將打散的全蛋最少分3次放進**1**中攪拌。分數次放進去比較容易乳化，減少對麵糰造成負擔。
3. 將過篩混合好的杏仁粉和低筋麵粉放進去，確實拌勻。
4. 將麵糰整理成形，用塑膠袋包起來，放進冰箱中冷藏1晚。

栗子杏仁奶油餡

◆3模分

帶內皮的生栗子⋯⋯⋯⋯⋯⋯⋯⋯80g
細砂糖⋯⋯⋯⋯⋯⋯⋯⋯⋯⋯⋯⋯105g
無鹽奶油（高梨乳業「特選北海道奶油」）⋯⋯⋯⋯100g
低筋麵粉⋯⋯⋯⋯⋯⋯⋯⋯⋯⋯⋯10g
杏仁粉⋯⋯⋯⋯⋯⋯⋯⋯⋯⋯⋯⋯25g
全蛋⋯⋯⋯⋯⋯⋯⋯⋯⋯⋯⋯⋯100g

1. 剝掉栗子殼，留下內皮。和細砂糖一起放進食物調理機中，打成糊狀。
2. 將杏仁粉和低筋麵粉放進回軟的奶油中攪拌。
3. 將**1**放進**2**中，再將打散的全蛋分數次放進去，拌勻。

鋪塔皮與烘焙

◆1模分

洋梨⋯⋯⋯⋯⋯⋯⋯⋯⋯⋯⋯⋯⋯⋯1個

1. 將鬆弛好的甜麵糰用擀麵棍擀成厚度2.5mm，迅速地鋪進直徑14cm×高2cm的塔圈中，放進冰箱冷藏。
2. 將洋梨縱切成4等分。
3. 將杏仁奶油餡擠進塔台中，再將洋梨片排成「十」字形放上去，以170℃的對流烤箱烤40～50分鐘。

組合與完成

杏桃果醬（自家製）⋯⋯⋯⋯⋯⋯適量

1. 用毛刷將杏桃果醬塗在上面。

直接利用時令水果，展現新鮮多汁的好滋味

2011年，在京都的烏丸四条和五条之間、因幡藥師堂斜前方鬧中取靜的一隅，開設了這家「LOTUS洋菓子店」。

小巧雅致的店裡滿是燒菓子，令人眼睛一亮。「看到店裡都是時令水果做成的塔，就很放心吧。」木村良一主廚表示，秋天店裡的甜點多採用「aurora種」的洋梨。「它的果肉吃起來黏糊糊的，而且是洋梨當中香氣、甜味和酸味都最強的。『aurora種』之後，到了12月，就會換成『la france種』的洋梨了。」洋梨算是滋味輪廓較不鮮明的一種水果，木村主廚想讓它的滋味更突出，便想到以加了和栗糊的杏仁奶油餡來搭配。這裡的和栗，是使用質地鬆軟且甜度高的熊本產的利平栗。用帶內皮的生栗子和糖粉一起做成和栗糊，而洋梨與和栗的味道都很溫和，能夠完美地相輔相成。

木村主廚製作的派塔從不使用罐裝水果。「我希望將時令水果自然的美味展現出來，並不想用醃漬的方式把它們的新鮮多汁給浪費了，所以會鋪上一層薄薄的杏仁奶油餡來吸收果汁。」木村主廚表示，讓杏仁奶油餡吸收因砂糖的滲透壓而釋出的果汁，是直接利用水果美味的最佳方式。

而且這麼一來，口感酥脆的甜麵糰也多了一番滋味，令人百吃不厭。

塔皮的種類會隨水果風味的強弱而改變。像洋梨這種溫和的水果，就使用甜麵糰，但為了不讓味道殘留口中，會加一點點鹽巴。而像杏桃、大黃這類特色在於酸味強烈的水果，就會搭配鹹麵糰。

至於防潮方面，是使用打散的全蛋來薄塗，但如果鋪上了杏仁奶油餡，就不塗蛋汁了；換句話說，只在填進水分多、呈布丁液狀的蛋奶醬時，才會塗蛋汁來補強塔皮。

而戳洞是為了讓塔皮的底部透氣，因此如果使用塔圈放在有氣孔的烤盤布上，就不必戳洞。但如果是千層酥皮麵糰、鹹麵糰，為了避免烘烤過程中麵糰膨脹，就要戳洞。「每一道工序，不能一成不變地認定非做不可，應該了解它的目的，然後看自己製作的甜點必須做到哪些步驟，需要的部分就確實做到好，不需要的就不必做。」木村主廚表示，最近特別有此體會。

塔的尺寸與美味息息相關

「即便採用同樣的材料、同樣的方法，尺寸不同，味道就不一樣了。」木村主廚對於烘焙型的派塔形狀及高度非常有研究。「舉例來說，像『洋梨佐栗子塔』這種使用新鮮水果做成的塔，做成大尺寸後再切片，塔皮和蛋奶醬才能融合得比較好。」而小糕點的形狀和大小，同樣會左右味道；可以透過調整烘烤面積與蛋奶醬分量的比例，來呈現出理想中的口感、香氣和滋味。

例如杏仁塔，由於要大分量地吃到以西西里島的杏仁果製成的奶油餡，與其做成直徑7㎝、高2.5㎝的標準尺寸，不如做成再大一圈的半球型。「我覺得可以從味道的角度來重新思考模型的尺寸。」例如常溫的燒菓子栗子塔，之所以使用高4㎝的模型，就是為了讓加進栗子糊的杏仁奶油餡能夠像被蒸熟一般。

正如法國球型麵包和長棍麵包，即便麵糰相同，表面和裡面的比例不同，味道就不一樣了。

對於塔的魅力，木村主廚是這樣說的，「我個人認為塔的深奧程度和生菓子不相上下。不但模型的大小和高度很重要，要不要空燒，也就是說，放餡料進去的時機也會改變塔的滋味。」

Pâtisserie PARTAGE

店東兼甜點主廚　齋藤 由季

榛果栗子塔

塔的千變萬化

紅色水果塔
＊甜麵糰
→P.156

紅色果仁塔
＊甜麵糰
→P.166

反烤杏桃蘋果塔
＊脆皮麵糰
→P.171

里昂
＊脆皮麵糰
→P.173

洛林塔
＊脆皮麵糰
→P.173

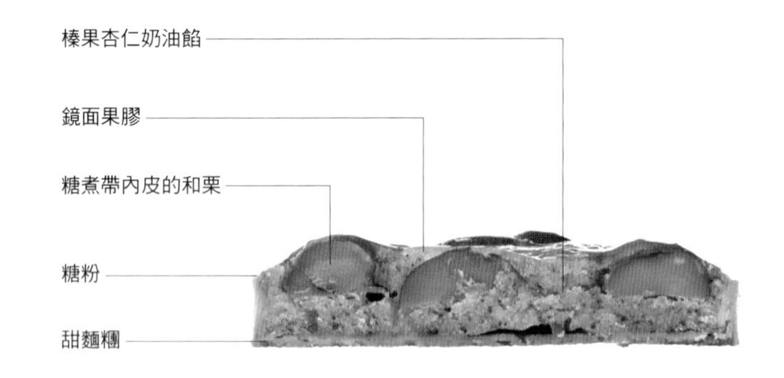

秋天的代表性滋味就是堅果，而這款塔就是以榛果和栗子組成，樸素卻滋味深邃。塔皮是甜麵糰，以分量稍多的二種麵粉、杏仁粉及發酵奶油所製成。塔皮裡放了榛果杏仁奶油餡，而餡裡加進了用食物調理機打成粗粒的榛果，因而特別濃郁。最後放上和栗後烘烤。重視乳化的製作方法，烤出沙沙的酥脆口感。

塔皮

這款塔所採用的甜麵糰，是以法國產的麵粉製成，乳化過程中不拌入空氣，而烤出麵粉的深邃滋味與帶酥脆的口感。將榛果杏仁奶油餡倒進塔皮中，然後放上和栗烘烤而成。

模型尺寸：直徑12cm×高1.5cm

讓奶油與蛋充分乳化，烤出沙沙的口感

榛果栗子塔

2100日圓（含稅）
供應期間　9月中旬～11月

榛果栗子塔

甜麵糰

◆完成量為375g

發酵奶油（明治乳業）…………90g
全蛋……………………………24g
A
- 糖粉……………………………56g
- 低筋麵粉（日清製粉「VIOLET」）…………75g
- 法國產麵粉（Arcane「Type55」）…………75g
- 發粉……………………………0.75g
- 杏仁粉…………………………22.4g

1. 將奶油和蛋放在室溫中，使之達到26～28℃。將A過篩混合好。
2. 攪拌盆中放入奶油，再分數次放入蛋，同時用電動攪拌器以低速慢慢攪拌至完全乳化。
3. 把A放進去，以低速攪拌到看不見粉狀為止。
4. 用保鮮膜包住麵糰，放在冰箱冷藏1晚。

榛果杏仁奶油餡

◆完成量為212g

榛果……………………………24g
A
- 糖粉……………………………48g
- 杏仁粉…………………………48g
- 脫脂牛奶………………………5g

發酵奶油（明治乳業）…………60g
全蛋……………………………20g
蛋黃……………………………6g
香草糊…………………………1g

1. 用食物調理機將榛果打成比粉狀稍粗的顆粒，和A一起過篩混合。
2. 將奶油、全蛋、蛋黃放在室溫中，使之達到26～28℃。
3. 攪拌盆中放入奶油和香草糊，再分3次左右放入全蛋和蛋黃，同時用電動攪拌器以低速攪拌到完全乳化。
4. 確定完全乳化後，將電動攪拌器調成中速，把空氣攪拌進去。
5. 待**4**泛白後，把**1**放進去，以中速攪拌到看不見粉狀為止。
6. 用保鮮膜封住表面，放在冰箱冷藏1晚。

鋪塔皮與烘焙

◆備用量

糖煮帶內皮的和栗…………每1模3粒
糖酒液
- 糖漿（30波美度）…………100g
- 白蘭地酒………………………100g

1. 壓麵機設成厚度2mm，將鬆弛好的甜麵糰放進去壓平。
2. 壓好的麵糰與麵糰之間夾一張防止乾燥的紙，然後蓋上塑膠布，放進冰箱冷藏1小時左右。
3. 大理石檯面撒上防沾用的高筋麵粉（適量），再將**2**的麵糰放上去，以直徑15cm的塔圈割出塔皮。
4. 將**3**放在直徑12cm×高1.5cm的塔圈上，一邊轉動塔圈，一邊將塔皮貼緊，確實貼進底部的邊角。
5. 用水果刀的刀背，將塔圈上多餘的塔皮割掉，然後放在鋪好網狀烤盤布的烤盤上。
6. 將榛果杏仁奶油餡裝進已經套好11號圓形擠花嘴的擠花袋中，然後擠進**5**的中間，由中心往外呈漩渦狀擠上去。
7. 將切對半的和栗分散放上去。
8. 將**7**放進150℃的烤箱中，烘烤20分鐘後，脫模，將烤盤前後對調，再續烤20分鐘。
9. 混合糖酒液的材料，用毛刷將糖酒液刷在烤好的**8**上面，每一個刷5～6ml，然後放涼。

組合與完成

鏡面果膠
- 杏桃果醬………………………適量
- 水………………………………適量

糖粉（裝飾粉）…………………適量

1. 將少量的水放進杏桃果醬中，一邊攪拌一邊加熱，做成鏡面果膠。
2. 用毛刷將**1**薄塗在放涼的塔表面，然後於邊緣撒上糖粉。

混合奶油和蛋時，先調整成易乳化的溫度

「我最喜歡烘烤型的塔了。」齋藤由季主廚表示，他在法國修業期間，住宿的家庭女主人經常用庭園裡收成的樹木果實和水果做成派塔請他吃。這種烘烤型的派塔，就是齋藤主廚製作塔的原點。

「雖然很樸素，但很有深度，好吃到家了。我們店裡也是使用時令的素材，隨季節製作各式各樣的塔。」齋藤主廚說。

這款「榛果栗子塔」，也是當時女主人利用庭園裡的榛果和栗子做成塔，齋藤主廚再將它重現出來的成果，就是在鋪好的甜麵糰裡倒進榛果杏仁奶油餡，上面再放一些帶內皮的和栗，然後放進烤箱烘烤。配方雖然簡單，但製作上有幾點要訣。

製作甜點的過程中，齋藤主廚相當重視「乳化」。許多甜點的主要原料為奶油和蛋，而齋藤主廚重視的就是這兩者的相融情形，也就是「油分與液體」的融合程度，它將決定完成後的口感是入口即化或是酥脆，換句話說，大大影響了甜點的滋味。

不論甜麵糰或榛果杏仁奶油餡，都有融合奶油和蛋這道工序。將奶油和蛋完美乳化的要訣就是，先將它們的溫度調整到26到28度，據說這樣就能無負擔地乳化到滑順狀態。

「每個季節都不太一樣，基本上在製作麵糰的前2到3小時，要將弄平的奶油放在室溫回軟。如果沒時間，也可以放在微波爐加熱使之軟化，但加熱過度而太過軟化就無法恢復原狀了，因此建議放在室溫回軟。」齋藤主廚提醒說。

乳化方式也會因麵糰種類而不同。甜麵糰的話，如果拌進太多空氣就會走味，所以要用低速、快速而且不拌入空氣地將材料攪拌到接近美乃滋狀態。

至於榛果杏仁奶油餡，如果結粒就不容易加熱均勻，也就不容易烤熟，因此，要用低速的電動攪拌器先將奶油和蛋拌勻，確定它們完全乳化後，再換成中速，然後將空氣打進去。

如果一開始就以中速攪拌，在乳化之前會拌進空氣，那麼就算尚未乳化也會看起來像是乳化完成了，這點須特別留意。為了避免這種失誤，必須先以低速攪拌至完全乳化。

榛果杏仁奶油餡裡含有空氣，如果一做好就倒進塔皮裡烘烤，奶油餡會溢出模型。

但如果先放一段時間讓大的氣泡消失，這時奶油餡較安定，就不必擔心溢出來了，因此宜先放在冰箱冰藏一晚再使用。

確實烘烤，讓素材的滋味凝縮起來

將白蘭地酒和糖漿以等比例混合好，待塔放進烤箱確實烘烤40分鐘後，立刻倒進塔裡讓它吸收，此舉的目的不僅能增添香氣，還能補充烘烤時流失的水分，讓塔更濕潤。

「燒菓子就是要確實烘烤，讓素材的滋味凝縮進去，之後再補充流失掉的水分，讓它具濕潤感。」齋藤主廚解釋。

為了做出甜麵糰的口感，必須先完全乳化後，再確實烘烤。此外，這款塔使用了2種麵粉，分別是能做出沙沙口感的低筋麵粉，以及能做出酥脆口感的法國產麵粉，因此可以做出極佳的塔皮。

而榛果杏仁奶油餡中放進了磨成粗粒的榛果，形成口感上的亮點，而且與鬆軟的和栗一同含進嘴裡，堅果香與栗子香在口中瀰漫開來，便能充分享受秋天的代表性滋味了。

PATISSERIE Un Bateau

店果兼甜點主廚　松吉 亨

蘋果佐番薯塔

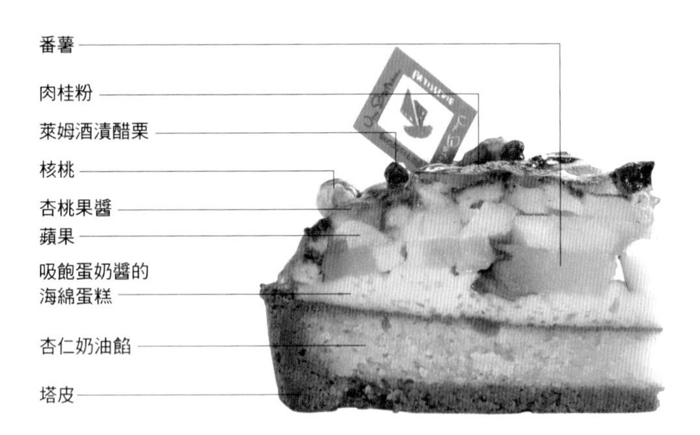

烤番薯和營火是這款塔所要表達的意象。在杏仁奶油餡上面放「鳴門金時」烤番薯，再放上大量切成棒狀的蘋果，令人聯想到落葉。海綿蛋糕則是吸飽蛋奶醬，宛如麵包布丁一般。杏仁奶油餡中加進酸奶油，因此不會甜膩，而是倍覺清爽的好滋味。

塔皮

使用充滿了杏仁香氣的杏仁膏做成派塔專用的麵糰。以對比出蘋果的柔軟口感為目標，製作出爽脆的口感。空燒後再擠進杏仁奶油餡，再次烘焙。

模型尺寸：直徑18cm×高2.5cm

塔的千變萬化

無花果塔
＊甜麵糰
→P.157

漿果起司克拉芙緹
＊甜麵糰
→P.167

檸檬塔
＊鹹麵糰
→P.172

三度烘焙的塔皮香氣，包住素材原有的甜與酸

蘋果佐番薯塔

440日圓（含稅）
供應期間　全年（7～8月除外）

蘋果佐番薯塔

蘋果佐番薯塔塔皮

◆備用量（直徑18cm×高2.5cm的塔模1模使用150～160g）

杏仁膏……300g
無鹽奶油（高梨乳業）……340g
人造奶油……110g
糖粉……100g
全蛋……30g
低筋麵粉（日清製粉「特選VIOLET」）……600g

1. 將杏仁膏、奶油、人造奶油回軟到室溫狀態。
2. 攪拌盆中放入杏仁膏，再放入糖粉和全蛋，用電動攪拌器攪拌。
3. 將奶油和人造奶油一點一點放進去，仔細攪拌，不要讓它結粒。
4. 將過篩好的低筋麵粉放進去，輕輕攪拌。
5. 用保鮮膜包住，放進冰箱冷藏1晚。

海綿蛋糕

◆直徑18cm的海綿蛋糕模型　7模分

全蛋……1210g
細砂糖……700g
蜂蜜……66g
低筋麵粉……770g
牛奶……150g
42%鮮奶油……140g

1. 鋼盆中放入全蛋、細砂糖、蜂蜜，直接放在火上並保持在人體體溫的溫度，用打蛋器打發到泛白、發黏的狀態為止。
2. 將低筋麵粉放進去，用橡皮刮刀攪拌均勻，不要結粒，然後放進牛奶和鮮奶油，再次攪拌。
3. 在直徑18cm的海綿蛋糕模型上鋪紙，然後放在烤盤上，將**2**倒進去，1模約倒進420g，放進上火175℃、下火155℃的烤箱中，約烤27分鐘。

杏仁奶油餡

◆備用量（1模使用290g）

無鹽奶油（雪印MEGMILK）……340g
人造奶油……110g
全蛋……375g
杏仁粉……450g
鹽……5g
細砂糖……362g
酸奶油……45g

1. 將奶油和人造奶油放在室溫中回軟至呈髮蠟狀。
2. 依序放進全蛋、混合好的杏仁粉和鹽巴、細砂糖、酸奶油，同時攪拌，但要注意不要打得太過發泡。
3. 放在冰箱中冷藏1晚。

蛋奶醬

◆直徑18cm×厚1cm的海綿蛋糕　2模分

全蛋……126g
細砂糖……40g
42%鮮奶油……200g

1. 全蛋打散，依序將細砂糖、鮮奶油放進去，過濾。

鋪塔皮與烘焙

1. 工作檯上撒些手粉（適量），每1模使用150～160g的麵糰，將麵糰用擀麵棍擀成直徑約23cm的塔皮，然後戳洞。將塔皮鋪進直徑18cm×高2cm的塔模中，用擀麵棍擀掉多餘的塔皮後，放上塔石。
2. 放進上火185℃、下火165℃的烤箱中，約烤36分鐘。
3. 將杏仁奶油餡擠進**2**中，然後放進上火185℃、下火160℃的烤箱中烤35～36分鐘，取出放涼。

組合與完成

◆1模分

番薯（鳴門金時）……適量
蘋果（紅玉）……1.5～2個
香草糖……適量
杏桃果醬……適量
肉桂粉……適量
萊姆酒漬醋栗……適量
核桃……適量

1. 將厚1cm的海綿蛋糕切片放在塔台上，倒進蛋奶醬使之充分滲入。
2. 將包上鋁箔紙用烤箱烤好的番薯切成厚5mm的薄片，均勻地鋪在**1**上面，再放上切成棒狀的蘋果，淋上適量的蛋奶醬。
3. 均勻撒上香草糖，烤箱中設二層烤盤，以上火185℃、下火160℃的烤箱、關上擋板約烤50分鐘、打開擋板約烤15分鐘。烤好後再用噴火槍上烤色。
4. 稍微散熱後，塗上加熱過的杏桃果醬。待完全冷卻後，撒上適量的肉桂粉，切片。
5. 用萊姆酒漬醋栗、去除澀味再烘烤過的核桃來裝飾。

選用烤後仍有蘋果酸味的紅玉

松吉亨主廚笑著說：「我將來的夢想是開一家派塔專賣店。」他對製作派塔傾心傾力，店裡經常陳列15到20種小糕點，當中有4種左右是塔。

從開幕就供應至今的「蘋果佐番薯塔」，也是餐後甜點的人氣單品。松吉主廚經常以心血來潮的意象來製作新品，而這款塔就是以「營火」為意象。

放進嘴裡一咬，酸酸甜甜的蘋果、清甜的番薯、香噴噴的塔皮，各種美味在口中散開。而連結蘋果、番薯和杏仁奶油餡的海綿蛋糕，猶如布丁般柔軟，將各種素材完美地結合在一起。

最後撒上的香草糖是自家製作的，是以乾燥後的香草莢和細砂糖一起用攪拌機打出來，它的香氣讓塔的芳馥更上一層。

「選擇蘋果的品種讓我傷透腦筋。」松吉主廚表示，有些品種吃起來可口，但烤後就走味了，有些品種烤出來的口感不如預期，經過不斷嘗試，最後選擇烘烤後仍有蘋果酸味的紅玉。

原本想全年供應這款塔，但因為找不到適合代替紅玉的蘋果，在紅玉難以入手的盛夏期間便無法販售。

番薯則是選用「鳴門金時」這個品種。美麗的黃色和鬆軟的口感、高甜度，非常適用製作甜點。由於客層以家庭為主，因此不太摻進萊姆酒等洋酒。最後也並未放上多餘的奶油餡或糖分，因此可以充分品嚐到鳴門金時與蘋果等素材本身的美味。

配合塔皮與蛋奶醬而使用不同的奶油

對於塔，「雖然很花工夫，但它可以依素材的不同組合而做出各式各樣的塔，所以很有趣。」松吉主廚表示，「塔最大的魅力就是，吃進嘴裡後，香氣在齒頰間擴散開來。

塔皮要是本身不好吃就沒意思了，但要是太有個性，蓋掉了上面餡料的滋味也不行，這點最困難了。」例如這個「蘋果佐番薯塔」，由於番薯和蘋果都很柔軟，因此要將塔台做出咯吱咯吱的口感，就減少麵粉的分量、增加奶油的比例。

如果是「無花果塔」，由於它很纖細、口感滑順，就要搭配入口即化、不殘留於口中的甜麵糰。「檸檬塔」就用鹹麵糰，因為它脆裂的口感和酸酸的檸檬極搭。

除了注意素材與塔皮麵糰的速配性之外，另一個須留心的重點就是奶油的使用方法，也就是要依不同目的使用不同風味的奶油。以這款塔來說，塔皮使用高梨乳業的奶油，杏仁奶油餡則使用雪印的奶油。

「塔皮或是餅乾，由於要做出確實的香氣來，就選用高梨乳業的奶油，它比較濃郁。相反地，杏仁奶油餡中的重點是杏仁的風味，所以就選用較清淡的雪印奶油。」

塔皮空燒後，放進杏仁奶油餡，再次烘烤。然後放上海綿蛋糕，倒入蛋奶醬使之滲透進去，再放上蘋果和番薯後，再一次放進烤箱中烘烤。由於一共烘烤三次，必須留心不要烤焦。「因為放進了杏仁粉和糖粉，很容易烤出烤色，所以第三次烘烤時，就要設置二層烤盤來遮斷一些火力。」

製作麵糰時，要注意室溫溫度是否上升，且須仔細留意不能讓麵糰疲軟。在工作檯上擀麵皮時，手粉要盡量少用，否則麵糰會結粒，口感就不佳了。

完成時塗上杏桃果醬，可以增加光潤感而提升視覺效果，也能加上怡人的酸味。最後放上烤過的核桃和萊姆酒漬醋栗便大功告成。這款塔極受中年人士歡迎，是回購率極高的店內招牌派塔。

Varié

塔的千變萬化

以塔的麵糰來分類，當中再以主題素材進行細分。本書中的「脆皮麵糰」、「鹹麵糰」雖然名稱不同，但其實可視為同種類的麵糰。此外，「新橋塔」、「談話塔」、「杏仁塔（Tarte Amandine）」、「愛之井」、「反烤蘋果塔（Tarte Tatin）」等為傳統甜點的名稱，與使用素材無關。

甜麵糰

新鮮水果

Pâtisserie Shouette→P.104

水果塔

420日圓（含稅）
供應期間 全年

這是一款滿載多彩多姿的水果、全年供應的高人氣甜點。上面的水果會隨季節改變，但都會去皮去蒂而容易入口。水果下面有二種奶油餡，一種是香堤鮮奶油和卡士達奶油餡以1:1的比例混合而成，另一種是杏仁奶油餡。

模型尺寸：直徑6.5cm×高1.5cm

pâtisserie mont plus→P.36

水果塔

1650日圓（未稅）
供應期間 全年

厚度2.6mm的甜麵糰中擠進杏仁奶油餡後烘烤成塔台，再放上奇異果、香蕉、藍莓等7種水果。通常是做成直徑12cm的餐後甜點，有時也會切片販售。

模型尺寸：直徑12cm×高2cm

Maison de Petit Four→P.6

水果塔

2484日圓（含稅）
供應期間 全年

甜麵糰中填入卡士達杏仁奶油餡後烘烤，再淋上櫻桃白蘭地。塔台中放入卡士達奶油餡，再裝滿豐盛的時令水果。最後放上三種顏色的裝飾巧克力、金箔和細葉芹，令整體更華麗。

模型尺寸：直徑12cm×高2cm

Pâtisserie et les Biscuits UN GRAND PAS→P.68

時令水果塔

450日圓（含稅）
供應期間 全年

顧名思義，這是一款隨四季更迭而滿載時令水果的塔。在甜麵糰裡擠進杏仁奶油餡後烘烤，然後擠上卡士達奶油餡，再盛滿各式各樣的水果。

模型尺寸：直徑7cm×高1.5cm

Pâtisserie PARTAGE→P.148

紅色水果塔

480日圓（含稅）
供應期間 全年

使用四方形的模型，獨特造型令人印象深刻。在甜麵糰中倒進杏仁奶油餡，再埋進黑醋栗後烘烤。塗上黑醋栗酒，再於中央擠進卡士達奶油餡，最後裝飾紅色的水果。

模型尺寸：6cm×6cm×高1.5cm

PATISSERIE Un Bateau →P.152

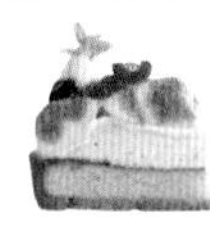

無花果塔

450日圓（含稅）
供應期間 8月後半～11月上旬

水果塔都會隨季節而更換水果，這款是秋季版。在卡士達奶油餡上面薄塗一層檸檬奶油醬，製造滋味的亮點。最上面的藍莓和覆盆子的酸甜，襯托出成熟無花果的甘美。

模型尺寸：直徑18cm×高2.5cm（1/8片）

Pâtisserie L'abricotier →P.88

紅色水果塔

430日圓（含稅）
供應期間 6月～9月

這是一款經典的水果塔，塔台裡填充了卡士達杏仁奶油餡，塔台中間擠進呈山形的卡士達奶油餡，再放上5～6種時令水果。照片中的塔使用了草莓、黑莓、覆盆子、藍莓、美國櫻桃、紅醋栗。

模型尺寸：6cm×6cm×高2cm

Pâtisserie Shouette →P.104

無花果塔

440日圓（含稅）
供應期間 7月～11月中旬

塔台是基本的杏仁奶油餡。將香堤鮮奶油和卡士達奶油餡以1:1比例混合成輕盈的奶油餡後，大量放進塔台中，再貼上無花果切片。只在無花果季節才供應。

模型尺寸：直徑6.5cm×高1.5cm

Pâtisserie SOURIRE →P.18

水果塔

460日圓（含稅）
供應期間 全年

這是偏愛新鮮水果的日本人所喜歡的經典水果塔。將甜麵糰鋪進小船模型中，再放入杏仁奶油餡後烘烤。然後在中間擠上卡士達奶油餡，再盛滿色彩鮮艷的時令水果。

模型尺寸：直徑11cm×高1.5cm

Pâtisserie La cuisson →P.40

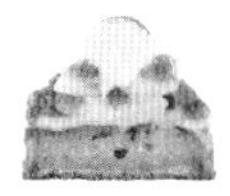

無花果塔

432日圓（含稅）
供應期間 夏季～秋季

以塗滿無花果果醬的新鮮無花果為主角。甜麵糰中倒入杏仁奶油餡後烘烤，再以外交布丁和無花果裝飾，然後放上香堤鮮奶油，撒上肉桂粉。

模型尺寸：直徑7cm×高1.7cm

PÂTISSIER SHIMA →P.48

草莓塔

497日圓（含稅）
供應期間 全年

為了能充分享用日本人所偏愛的草莓，在甜麵糰裡填充杏仁奶油餡後烘烤，再裝進滿滿的草莓，然後塗上覆盆子果醬。正因為組合很簡單，這款塔充分展露出做工的細緻。

模型尺寸：直徑18cm×高2cm（1/8片）

Pâtisserie Française Yu Sasage →P.76

麝香晴王葡萄塔

480日圓（含稅）
供應期間 7月～8月

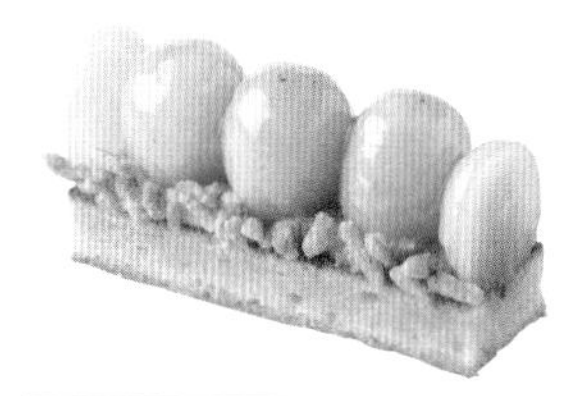

奢侈地放上可連皮吃且高甜度的麝香晴王葡萄。在甜麵糰裡鋪上一層卡士達杏仁奶油餡後烘烤。再擠上卡士達奶油餡，擺上麝香晴王葡萄，周圍再撒上奶酥。

模型尺寸：10cm×3cm×高1.5cm

PATISSERIE FRANÇAISE Un Petit Paquet →P.32

草莓塔

420日圓（未稅）
供應期間 不定期

在空燒好的甜麵糰中擠進開心果的達克瓦茲蛋糕麵糊後烘烤。塗上覆盆子果醬，再擠進以君度橙酒調味的慕斯琳奶油餡。放上摻了馬斯卡彭起司的鮮奶油，再以草莓裝飾。

模型尺寸：直徑7cm×高1.5cm

Pâtisserie Miraveille →P.120

檸檬塔

400日圓（未稅）
供應期間 6月～9月

加進鮮奶油而煮成潤滑狀的檸檬奶油餡，酸味十分溫和。蛋白霜裡面加進了乾燥的迷迭香粉，再以低溫迅速烘烤後，於底部塗上可可脂，然後放在黏稠的奶油餡上面。

模型尺寸：直徑7cm×高1.7cm

Passion de Rose →P.52

檸檬塔

410日圓（含稅）
供應期間 全年

空燒好的甜麵糰中，放進自家製作的檸檬果醬、檸檬奶油餡、檸檬果膠，以及裝飾用的檸檬果醬。田中主廚想做出令人難忘的甜點，果然這款塔的尺寸大得令人印象深刻。

模型尺寸：直徑8.5cm×高1cm

Tous Les Deux →P.140

蜂蜜檸檬塔

460日圓（未稅）
供應期間 冬季～春季

在塔皮裡依序疊上巧克力杏仁海綿蛋糕、不甜的巧克力慕斯後，再放上富酸味的檸檬奶油餡和加了蜂蜜的蛋白霜。濃郁的巧克力與酸酸的檸檬，呈現層次鮮明的好滋味。

模型尺寸：直徑9cm×高1.5cm

Pâtisserie L'abricotier →P.88

席耶拉

460日圓
供應期間 6月～9月

空燒好的甜麵糰中放入檸檬奶油餡，上面則是酸味強烈的草莓慕斯和甜味優雅的白巧克力慕斯。慕斯中間的凹陷處放入草莓果醬，可愛度大增。

模型尺寸：直徑7cm×高1.5cm

ARCACHON →P.72

藍莓塔

450日圓（未稅）
供應期間 夏季

將甜麵糰鋪進橢圓形的塔模中，再填進卡士達杏仁奶油餡後烘烤。大量放上當地產的新鮮藍莓。最後以香堤鮮奶油和覆盆子、黑莓做裝飾。

模型尺寸：上面8cm、下面5.2cm×高1.8cm

檸檬

Pâtisserie Les années folles →P.116

檸檬塔

400日圓（未稅）
供應期間 夏季

甜麵糰酥脆，檸檬奶油餡黏稠又柔軟，這款塔即在表現出兩者的對比口感。檸檬奶油餡中除了檸檬汁之外，還加了檸檬果醬來強調酸味、加深印象。

模型尺寸：底面直徑6cm、上面直徑8cm×高2cm

Pâtisserie Française Yu Sasage →P.76

檸檬塔

410日圓（含稅）
供應期間 7月～9月

在空燒好的甜麵糰中裝滿檸檬奶油餡，再於表面撒上糖粉，炙燒成焦糖。因為焦糖而有了香氣，整體的酸味、苦味和香味十分均衡。

模型尺寸：直徑7cm×高1.5cm

Pâtisserie et les Biscuits UN GRAND PAS →P.68

檸檬塔

450日圓（含稅）
供應期間 全年

這是一款古典又經典的塔。在空燒好的甜麵糰中填入檸檬奶油餡，再放上義式蛋白霜，然後上烤色。奶油餡中有確實的檸檬酸味，與蛋白霜的甜味平衡得宜。

模型尺寸：直徑7cm×高1.5cm

洋梨

Pâtisserie et les Biscuits UN GRAND PAS →P.68

洋梨塔

300日圓（含稅）／供應期間 全年

將甜麵糰鋪進塔模中，再擠進杏仁奶油餡。放上洋梨切片蜜餞後烘烤，再塗上杏桃果醬。魅力在於非常簡單而能直接品嚐到素材的美味。

模型尺寸：直徑7cm×高1.5cm

Relation entre les gâteaux et le café →P.44

洋梨塔

420日圓（未稅）／供應期間 9月～10月

因色彩鮮艷而大受歡迎。在甜麵糰裡倒入開心果杏仁奶油餡，再放上糖漬洋梨和紅寶石葡萄柚後烘烤。濃郁的開心果和多汁的水果超搭。

模型尺寸：直徑8cm×高1.6cm

百香果

Pâtisserie chocolaterie Chant d'Oiseau →P.80

神祕百香果

450日圓（含稅）
供應期間 春季～夏季

空燒後的甜麵糰裡倒入帶檸檬酸味且入口即化般柔順的百香果奶油餡。再擠上香堤鮮奶油製造出豐盛感，最後以裝飾巧克力來展現華麗風采。

模型尺寸：直徑8cm×高2.5cm

PÂTISSIER SHIMA →P.48

狩獵旅行

540日圓（含稅）／供應期間 全年

在直徑6.5cm的巧克力杏仁蛋糕上塗一層榛果巧克力薄片果仁糖。另外在空燒好的甜麵糰裡擠進百香果奶油餡，然後將這個塔疊在蛋糕上。可以品嚐到多彩的滋味與口感。

模型尺寸：直徑6cm×高1.7cm

桃子

Tous Les Deux →P.140

尤利安

440日圓（未稅）／供應期間 7月～9月底

在甜麵糰裡鋪上紅醋栗果醬，再倒入杏仁奶油餡後烘烤。放上含桃子果肉的慕斯。慕斯與塔台之間夾著新鮮的桃子切片與薄薄一層草莓巧克力，不讓水分滲透進去。

模型尺寸：直徑7cm×高1.5cm

PÂTISSERIE GEORGES MARCEAU →P.132

桃子塔

420日圓（含稅）／供應期間 夏季

因能夠品嚐到桃子甜美的果汁，而深受歡迎。為成熟的桃子添加蜜蜂花的香氣後，做成蜜餞。在加進卡士達杏仁奶油餡後烘烤而成的塔台上，放著輕盈的卡士達奶油餡與覆盆子奶油餡。

模型尺寸：直徑6.5cm×高1.5cm

pâtisserie accueil →P.108

杏桃塔

330日圓（未稅）／供應期間 夏季～秋季

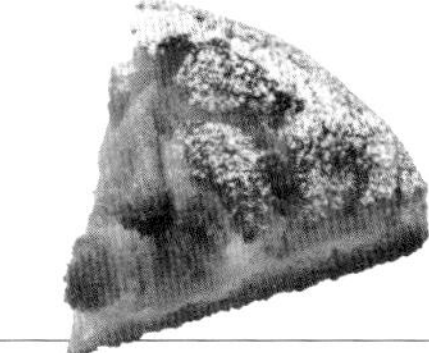

以白葡萄酒醃漬杏桃後，切成大塊，放在杏仁奶油餡上面，然後烘烤。這種組成簡單的烘烤型派塔，每天都會供應一種，而且會隨季節替換成無花果、葡萄柚等水果。

模型尺寸：直徑15cm×高1.5cm（1/6片）

覆盆子

équibalance →P.128

木莓佐開心果塔

464日圓（含稅）／供應期間 6月～10月

由開心果與起司組合而成的蛋奶醬，清新爽口、甜味高雅，再放上含果肉而酸酸甜甜的木莓慕斯，一次享受多種素材的完美結合。甜麵糰的輕盈口感與滑順的慕斯形成絕配。

模型尺寸：直徑7cm×高1.5cm

Pâtisserie Française Archaïque →P.24

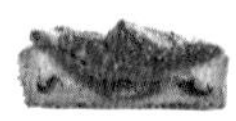

無花果塔

320日圓（含稅）
供應期間 全年

在加了肉桂粉的肉桂甜麵糰中擠進杏仁奶油餡，再放上自家製作的黑醋栗及無花果果醬，再次擠上杏仁奶油餡，放上半乾燥的無花果後烘烤。無花果與肉桂的滋味相得益彰。

模型尺寸：直徑7cm×高1.7cm

Pâtisserie Rechercher →P.92

無花果塔

400日圓（未稅）
供應期間 8月～10月上旬

在摻進了黑醋栗果醬與杏仁奶油餡的蛋奶醬中，加進以櫻桃白蘭地和砂糖醃漬的新鮮無花果來提升香氣與甜度。最上面放了豐盛的香堤鮮奶油和肉桂粉。

型尺寸：直徑18cm×高2cm（1/6片）

L'ATELIER DE MASSA →P.100

紅酒無花果塔

整模980日圓（含稅）、1片320日圓（含稅）
供應期間 6月～10月

疊上杏仁奶油餡和卡士達奶油餡，再放上以紅葡萄酒、肉桂、柳橙皮熬煮的無花果後烘烤，這樣就不會耗損杏仁奶油餡和卡士達奶油餡了。

模型尺寸：直徑12cm×高2cm

香蕉

PATISSERIE LES TEMPS PLUS →P.112

香蕉塔

1296日圓（含稅）／供應期間 全年

甜麵糰中擠入杏仁奶油餡，放上用黃砂糖嫩煎後、用甘露咖啡利口酒澆淋、再點火炙燒的全熟香蕉。烘烤後淋上萊姆酒。香蕉、咖啡、萊姆酒的調和是最大賣點。

模型尺寸：直徑15cm×高2cm

Pâtisserie Rechercher →P.92

椰子香蕉塔

320日圓（未稅）／供應期間 全年

這是一款裝滿了柔滑的椰子奶油餡的派塔。嫩煎香蕉和杏桃蜜餞的甜與香，魅力無法擋。最上面的椰子鳳梨，口感絕佳。

模型尺寸：直徑12cm×高2cm（1/4片）

無花果

Pâtisserie La splendeur →P.84

百香果無花果塔

486日圓（含稅）／供應期間 夏季～秋季

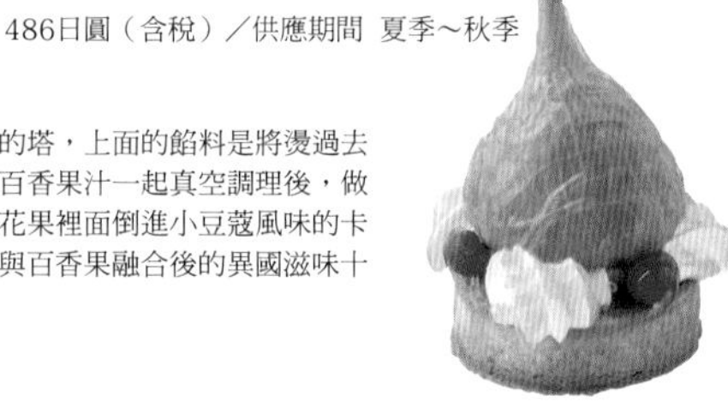

這款主廚自創的塔，上面的餡料是將燙過去皮的無花果和百香果汁一起真空調理後，做成蜜餞狀。無花果裡面倒進小豆蔻風味的卡士達奶油餡，與百香果融合後的異國滋味十分迷人。

模型尺寸：直徑6cm×高2cm

Passion de Rose →P.52

無花果塔

590日圓（含稅）／供應期間 9月

甜麵糰中填入卡士達杏仁奶油餡，放上黑色無花果後烘烤。表面塗上自家製作的檸檬果膠，再放上香堤鮮奶油和黑色無花果果醬。

模型尺寸：直徑30cm×高2cm（1/12片）

紫香李

PÂTISSIER SHIMA →P.48

紫香李塔

540日圓（含稅）／供應期間 夏季～秋季上旬

紫香李是法國極普遍的一種李子。在甜麵糰中擠進開心果杏仁奶油餡，放上紫香李後烘烤，深受在店家附近的大使館和外國企業工作的外國人士喜愛。

模型尺寸：直徑18cm×高2cm（1/8片）

葡萄柚

pâtisserie mont plus →P.36

葡萄柚塔

380日圓（未稅）／供應期間 不定期

使用100%義大利西西里島產的開心果糊做成開心果杏仁奶油餡，與葡萄柚形成絕配，令人印象深刻。搭配厚度3mm的甜麵糰剛剛好。

模型尺寸：直徑18cm×高2cm（1/8片）

Pâtisserie et les Biscuits UN GRAND PAS →P.68

葡萄柚塔

450日圓（含稅）／供應期間 夏季

甜麵糰中擠進卡士達杏仁奶油餡後烘烤，放上新鮮的葡萄柚後再次烘烤，然後塗上杏桃果醬。可以品嚐到紅、白兩種葡萄柚的酸與甜，色彩也十分美麗。

模型尺寸：直徑8cm×高1.8cm

Pâtisserie L'abricotier →P.88

柑橘塔

320日圓（含稅）／供應期間 6月~9月

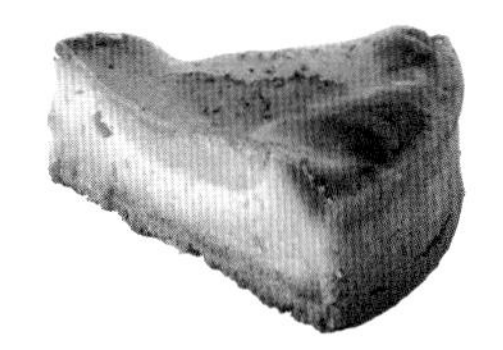

在填入杏仁奶油餡的甜麵糰中，放進新鮮的葡萄柚和柳橙，再以180℃的烤箱烘烤1小時左右，是主廚的創作甜點。柑橘的酸味與撒在塔表面的迷迭香香氣，在入口那一瞬間擴散開來，吃完後齒頰留香。

模型尺寸：直徑18cm×高2cm（1/8片）

杏桃

Pâtisserie chocolaterie Chant d'Oiseau →P.80

杏桃塔

420日圓（含稅）／供應期間 春季～夏季

厚度3mm的甜麵糰中放進杏仁奶油餡和杏桃（ La Fruitiere公司）烘烤而成，屬於基本款派塔。上面的水果皆採用時令水果，如李子、蘋果等，如果水分較多，就會增加甜麵糰的厚度。

模型尺寸：直徑21cm×高2.5cm

PATISSERIE LES TEMPS PLUS →P.112

杏桃塔

1296日圓（含稅）／供應期間 夏季

甜麵糰中擠進杏仁奶油餡，放上杏桃蜜餞後烘烤，然後淋上阿瑪雷托酒，塗上鏡面果膠，再於周圍裝飾杏仁片和糖粉。會配合季節用桃子或洋梨取代杏桃。

模型尺寸：直徑15cm×高2cm

黃香李

ARCACHON →P.72

黃香李塔

整模1560日圓（未稅）、1片260日圓（未稅）
※一整模採予約制／供應期間 全年

甜麵糰中填入卡士達杏仁奶油餡，放上黃香李（冷凍）後烘烤，塗上鏡面果膠，於邊緣撒上糖粉。製作甜麵糰的要訣在於雖然徹底攪拌麵粉，但不能搓揉麵糰。

模型尺寸：直徑15cm×高2cm

PÂTISSIER SHIMA →P.48

黃香李塔

497日圓（含稅）／供應期間 夏季～秋季上旬

黃香李是法國洛林地區特產的一種李子。這款塔是使用罐裝（糖漬）的成品。在甜麵糰中擠進杏仁奶油餡，放上黃香李後烘烤。宛如梅子般的獨特酸味十分怡人。

模型尺寸：直徑18cm×高2cm（1/8片）

Pâtisserie Française Archaïque →P.24

熔岩巧克力塔

320日圓（含稅）
供應期間 全年

在空燒好的巧克力甜麵糰裡塗上自家製作的覆盆子果醬，再倒進滑順的巧克力蛋奶醬後烘烤，最後塗上自家製作的覆盆子果膠。可以品嚐到塔皮與蛋奶醬的不同口感。

模型尺寸：直徑7cm×高2cm

Pâtisserie Salon de Thé Goseki →P.12

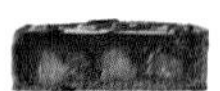

洋梨巧克力塔

490日圓（含稅）
供應期間 全年

這是一款由洋梨和巧克力組合而成的塔。有帶苦味的甘納許、以焦糖嫩煎的洋梨，以及巧克力甜麵糰。甘納許是使用可可成分61%的Valrhona公司的「EXTRA BITTER」。

模型尺寸：直徑7cm×高2cm

Pâtisserie La splendeur →P.84

焦糖巧克力果仁糖塔

486日圓（含稅）
供應期間 秋季～冬季

填入甜麵糰中的甘納許，是使用Valrhona公司的「FEVE CARAMÉLIA」，再用「富蘭葛利酒」來增添榛果香。上面的素材共有核桃、榛果、松子、杏仁、長山核桃等五種。

模型尺寸：直徑6cm×高2cm

Pâtisserie Miraveille →P.120

厄瓜多

410日圓（未稅）
供應期間 6月～9月

空燒好的塔台中填入可可成分70%的巧克力蛋奶醬後烘烤。放涼後，放進薄片狀的牛奶巧克力，再放入椰子、百香果、芒果做成的奶油餡，營造熱帶氣息。

模型尺寸：直徑7cm×高1.7cm

巧克力

Pâtisserie Rechercher →P.92

香料巧克力塔

560日圓（未稅）
供應期間 全年

富含榛果的濃厚焦糖醬，與使用Valrhona公司的巧克力所做成的慕斯絕搭。馬達加斯加產的又辣又香的黑胡椒，更加襯托出焦糖與慕斯的甘甜。

模型尺寸：直徑7cm×高2cm

Pâtisserie chocolaterie Chant d'Oiseau →P.80

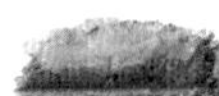

柳橙巧克力塔

整模2340日圓（含稅）、1片390日圓（含稅）
供應期間 不定期

甜麵糰中填入巧克力杏仁奶油餡後烘烤，再讓稍多的柑曼怡酒滲透進去，再次填入同樣的奶油餡和新鮮柳橙後烘烤。使用哥倫比亞LUKERCACAO公司的巧克力，它的濃郁與柳橙的清爽令人回味。

模型尺寸：直徑15cm×高2.5cm

pâtisserie accueil →P.108

巧克力塔

330日圓（未稅）
供應期間 全年

在甜麵糰中揉進巧克力及磨碎的可可豆，再擀成厚度3mm後烘烤。用Valrhona公司的可可成分70%的巧克力「Guanaja」，以及鮮奶油、全蛋製成的甘納許，口感也十分濃郁，是一款可讓人充分享用巧克力的派塔。

模型尺寸：直徑15cm×高1.5cm（1/6片）

patisserie AKITO →P.96

巧克力佐牛奶醬塔

450日圓（未稅）
供應期間 全年

在田中主廚的代表作牛奶醬中放鹽，鋪在塔皮底部，再將可可成分38.8%的西班牙產牛奶巧克力「JADE」做成的奶油餡倒進去。放上鏡面巧克力醬和藍莓讓表情更優雅。是店內的招牌甜點之一。

模型尺寸：直徑7cm×高2cm

紅桃

PÂTISSERIE GEORGES MARCEAU →P.132

紅桃塔

400日圓（含稅）
供應期間 夏季

以味道酸酸甜甜為特徵的法國紅桃，加上薄荷的清爽風味後，做成蜜餞。在甜麵糰和卡士達杏仁奶油餡中間鋪上覆盆子果醬來增添酸味，襯托出紅桃的甘甜。

模型尺寸：直徑15cm×高2.5cm（1/6片）

Pâtisserie Miraveille →P.120

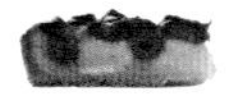

紅桃塔

350日圓（未稅）
供應期間 7月～9月

在甜麵糰裡鋪上杏仁奶油餡，再將用砂糖醃漬的冷凍紅桃放上去，撒上覆盆子。最後塗上熬煮過的紅桃醃漬液與自家製作的杏桃果醬。吃完口中會留下紅桃的芳香與覆盆子的酸味。

模型尺寸：直徑20cm×高2.2cm（1/10片）

葡萄

équibalance →P.128

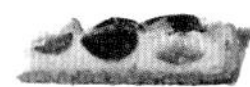

信州葡萄塔

整模3600日圓（含稅）、1片432日圓（含稅）
供應期間 8月～10月

高甜度的信州葡萄，與清爽的奶油起司蛋奶醬極搭。雖然和杏仁奶油餡一起烘烤，但葡萄出奇地鮮嫩多汁，薄薄一層的海綿蛋糕也是口感上的亮點。

模型尺寸：直徑21cm×高2.5cm

櫻桃

pâtisserie mont plus →P.36

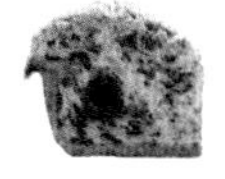

蒙莫朗西櫻桃

333日圓（未稅）
供應期間 全年

輕飄飄的達克瓦茲蛋糕中，放進了以君度橙酒醃漬的酸櫻桃、巧克力碎屑、可可糊。為了讓蛋糕吸收餡料的美味，不塗蛋黃。

模型尺寸：直徑15cm×高2cm（1/6片）

L'ATELIER DE MASSA →P.100

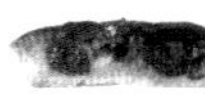

櫻桃塔

360日圓（含稅）
供應期間 全年

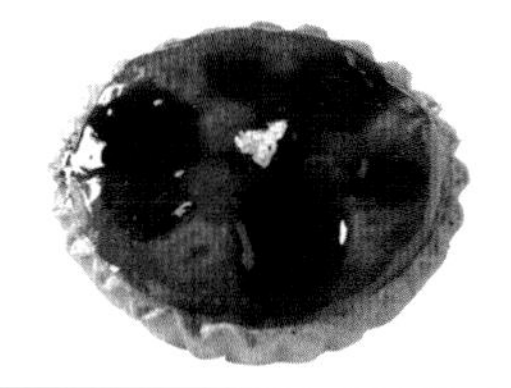

將以糖漿醃漬的黑櫻桃、酸櫻桃、以櫻桃白蘭地醃漬的酸櫻桃等3種櫻桃放在杏仁奶油餡上，然後烘烤完成，組成相當簡單。最後塗上覆盆子果醬，展現豐富的酸甜滋味。

模型尺寸：直徑8cm×高2cm

Pâtisserie Miraveille →P.120

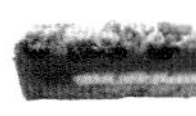

開心果櫻桃塔

410日圓（未稅）
供應期間 6月～8月

在空燒好的塔台底部鋪上薄薄的海綿蛋糕，放上含開心果的卡士達杏仁奶油餡，再放上加了櫻桃白蘭地的糖漿醃漬而成的酸櫻桃。最上面的奶酥質地酥脆，且吃完口中會有杏仁的沙沙感，是香氣與口感的亮點。

模型尺寸：直徑20cm×高2.2cm（1/10片）

Pâtisserie La cuisson →P.40

開心果櫻桃塔

432日圓（含稅）
供應期間 全年

濃郁的開心果與酸酸甜甜的酸櫻桃，組成最佳拍檔。塔台使用開心果杏仁奶油餡。放上開心果奶油餡和酸奶油後，再以酸櫻桃蜜餞做裝飾。

模型尺寸：直徑8cm×高1.7cm

咖啡

Relation entre les gâteaux et le café →P.44

咖啡塔

500日圓（未稅）
供應期間 全年

咖啡香氣襲人的塔。甜麵糰裡放入咖啡甘納許，中間夾入一片浸透咖啡糖漿的蛋糕，上面是咖啡香堤鮮奶油。鮮奶油的滑順與塔皮沙沙的口感呈對比而迷人。

模型尺寸：直徑8cm×高1.6cm

香豆

Pâtisserie Shouette →P.104

香豆塔

490日圓（含稅）
供應期間 全年

這款塔的主角是烤布蕾，是以牛奶熬煮委內瑞拉產的香豆所製成。上面再覆蓋焦糖巧克力慕斯。甜麵糰中摻進了可可粉，甘納許中則摻進了杏仁與榛果碎粒，用以提升香氣。

模型尺寸：直徑6.5cm×高1.5cm

紅醋栗

LOTUS洋菓子店 →P.144

紅醋栗塔

500日圓（含稅）
供應期間 6月～8月

將類似布丁的蛋奶醬和冷凍的紅醋栗放進空燒好的塔皮中，再次烘烤。擠進蛋白霜，以低溫稍微烤一下。蛋奶醬和蛋白霜去掉了紅醋栗的雜味，讓整體味道變得很溫和。

模型尺寸：直徑7cm×高2cm

栗子

équibalance →P.128

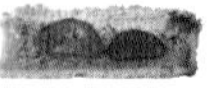

栗子塔

整模3800日圓（含稅）、1片464日圓（含稅）
供應期間 9月～12月

和栗的魅力在於鬆軟的口感與溫和的甘甜，而這款塔便大量使用和栗，富秋天氣息。在濃郁的杏仁奶油餡中加進了栗子糊，展現高雅的甜度。奶酥的沙沙口感也很怡人。

模型尺寸：直徑21cm×高2.5cm

LOTUS洋菓子店 →P.144

栗子塔

680日圓（含稅）
供應期間 9月～12月

使用洋栗做成栗子糊，然後做成類似杏仁奶油餡的栗子奶油餡後，填入塔台裡。塔皮是鋪在具深度的橢圓形塔模中，因此可吃出塔皮的酥脆感與餡料的濕潤感。最後放上糖漬栗子、淋上加了萊姆酒的鏡面醬。

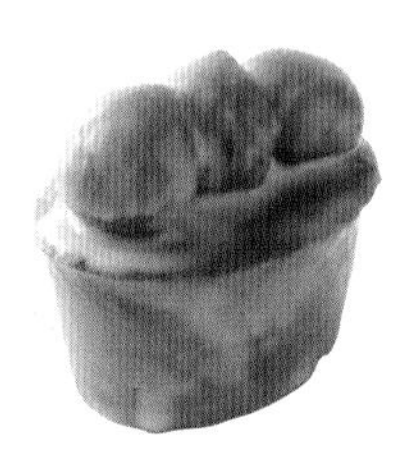

模型尺寸：7cm×4cm×高4cm

Relation entre les gâteaux et le café →P.44

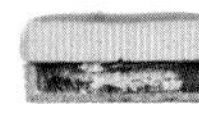

栗子佐黑醋栗塔

500日圓（未稅）
供應期間 9月～10月

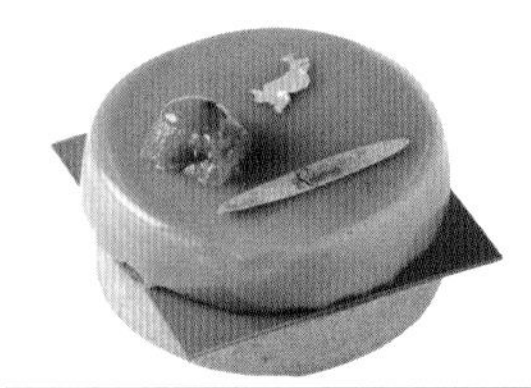

濃郁的栗子風味與黑醋栗的酸甜滋味相結合。甜麵糰中倒進黑醋栗奶油餡，中間夾了一塊麵餅。上面則是滑順的栗子巴巴露亞。夾在中間的牛奶巧克力，咔嗞咔嗞的口感令人眼睛一亮。

模型尺寸：直徑8cm×高1.6cm

Tous Les Deux →P.140

秋之太陽

490日圓（未稅）
供應期間 秋季～冬季

使用磨碎的杏仁做成杏仁奶油餡，再摻進栗子後，倒入塔台中。放上焦糖慕斯和巧克力杏仁海綿蛋糕，淋上焦糖鏡面醬，成為富秋天氣息的甜點。四周裝飾小小的馬卡龍和糖漬栗子。

模型尺寸：直徑9cm×高1.5cm

Pâtisserie La cuisson →P.40

起司塔

411日圓（含稅）
供應期間 全年

在倒入杏仁奶油餡烘烤的塔台上，放進用奶油起司、優格、酸奶油等做成的生起司餡，周圍再擠上香堤鮮奶油。塔台上塗一層檸檬果醬來增添風味。

模型尺寸：直徑6.5cm×高1.1cm

PATISSERIE FRANÇAISE Un Petit Paquet →P.32

生起司塔

360日圓（未稅）
供應期間 不定期

將甜麵糰鋪進空心模底部，然後放進起司奶油餡，以中溫的對流烤箱蒸烤到半熟狀態。使用沒有怪味且質地滑順的北海道產奶油起司，非常容易入口且深獲好評。

模型尺寸：直徑18cm×高2.5cm（1/8片）

pâtisserie mont plus →P.36

白起司塔

389日圓（未稅）
供應期間 全年

使用義大利的戈根索拉起司（Gorgonzola cheese）糊，因此起司的美味很穩定。此外，為配合口感濃郁、帶點鹹味的奶油餡，特別選用厚度達3mm的甜麵糰。是店內的人氣商品之一。

模型尺寸：直徑15cm×高2cm（1/8片）

PATISSERIE LES TEMPS PLUS →P.112

白起司塔

1296日圓（含稅）
供應期間 全年

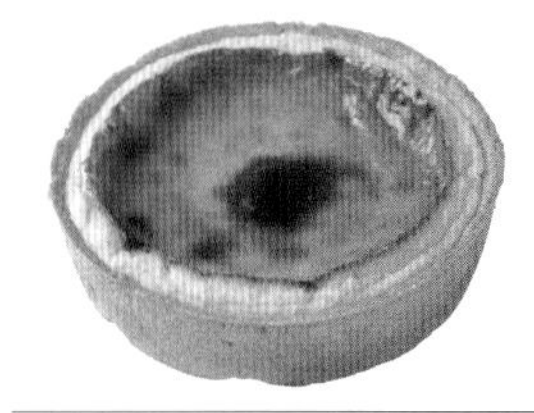

塔台為甜麵糰。在沒有怪味、容易入口的奶油起司（kiri）中，倒進加了蛋且用檸檬汁調味的蛋奶醬，然後烘烤。由於表面會浮起來又沉下去，成為外型上的特色。

模型尺寸：底面直徑12.5cm、上面直徑14cm×高3.5cm

黑醋栗

Tous Les Deux →P.140

太陽

490日圓（未稅）／供應期間 冬季～春季

下半部是將黑醋栗整顆放進去烤的杏仁奶油餡，上半部是塗上了紅醋栗果醬的香草慕斯，慕斯中間夾著海綿蛋糕。四周排滿草莓，布置成太陽造型，是店內的人氣甜點之一。

模型尺寸：直徑9cm×高1.5cm

蛋白霜

Pâtisserie La cuisson →P.40

隨心所欲塔

411日圓（含稅）／供應期間 初夏～秋季

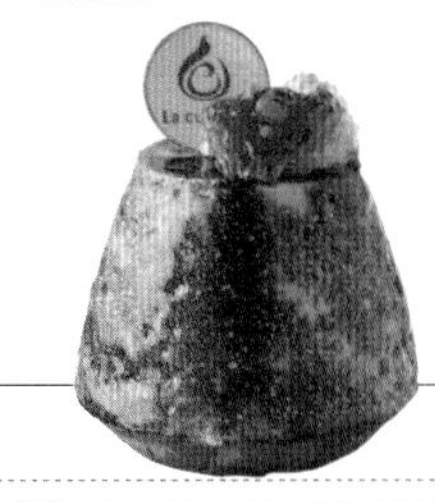

隨心所欲地放上奇異果、香蕉、洋梨等時令水果，以義式蛋白霜包覆起來，然後炙燒成焦糖。因為看不見裡面的素材而讓人充滿期待。塔台是將杏仁奶油餡倒進甜麵糰裡烘烤而成。

模型尺寸：直徑6.5cm×高1.1cm

起司

PÂTISSERIE GEORGES MARCEAU →P.132

白起司塔

400日圓（含稅）／供應期間 全年

一共使用了3種不同的起司。做成蛋奶醬的起司是使用濃郁的奶油起司，然後上面有2層輕盈的慕斯，下面那一層是馬斯卡彭起司，上面那一層是白起司和白巧克力。最後裝飾上脆片。

模型尺寸：直徑15cm×高2.5cm（1/6片）

patisserie AKITO →P.96

馬斯卡彭起司塔

450日圓（未稅）／供應期間 10月～冬季

在塔皮裡倒進馬斯卡彭起司餡，以高溫迅速烘烤成三分熟的狀態。鋪上內含咖啡的牛奶醬，再放上內含馬斯卡彭起司的香堤鮮奶油和咖啡脆片。

模型尺寸：直徑7cm×高2cm

Pâtisserie PARTAGE →P.148

紅色果仁塔

1080日圓（含稅）
供應期間 全年

重現在里昂街頭的甜點坊邂逅到的色彩鮮艷的派塔。在杏仁糊中加入奶油做成甜麵糰，擀成厚度4mm，再倒進加了紅色素的紅果仁蛋奶醬，然後烘烤。

模型尺寸：直徑12cm×高1.5cm

吉布斯特

PATISSERIE FRANÇAISE Un Petit Paquet →P.32

吉布斯特塔

420日圓（未稅）
供應期間 不定期

甜麵糰中填入卡士達杏仁奶油餡，塗上大黃果醬後烘烤。將杏桃果醬埋進吉布斯特奶油餡裡面，冷藏使之凝固，然後放進塔台，再蓋上蛋白霜，用噴火槍炙燒出烤色。

模型尺寸：6.1cm×6.1cm×高1.5cm

patisserie AKITO →P.96

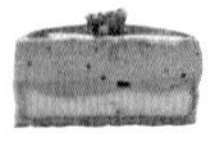

巧克力榛果吉布斯特

480日圓（未稅）
供應期間 全年

空燒至八分熟左右的塔皮裡，倒進榛果的烤布蕾後，再次烘烤。將代表作牛奶醬加上榛果後，鋪進塔台裡，再放上巧克力的吉布斯特奶油餡。

模型尺寸：直徑7cm×高2cm

水果乾／堅果

Pâtisserie La splendeur →P.84

紅酒水果塔

486日圓（含稅）
供應期間 秋季～冬季

甜麵糰中填入肉桂風味的卡士達杏仁奶油餡和水果乾後烘烤，濃縮的美味是這款塔的特色。水果乾（無花果、李子、杏桃、柳橙、葡萄乾）是以紅葡萄酒、砂糖、肉桂熬煮後再放進去。

模型尺寸：直徑6cm×高2cm

Passion de Rose →P.52

什錦果仁塔

450日圓（含稅）
供應期間 11月

空燒好的甜麵糰中填入大量堅果，咬下去即能品嚐到塔皮與堅果的美味，而且十分爽脆。核桃、榛果、杏仁果都烘烤到香噴噴後再炙燒出焦糖效果。

模型尺寸：直徑6cm×高1cm

Pâtisserie Française Archaïque →P.24

什錦果仁塔

320日圓（含稅）
供應期間 全年

甜麵糰中填進整顆紅醋栗和杏仁奶油餡後烘烤。將梅乾、葡萄乾、核桃等拌上蜂蜜、鮮奶油、少量的麵粉後，放在塔台上，烤到呈現適當的焦色。

模型尺寸：直徑7cm×高2cm

PATISSERIE FRANÇAISE Un Petit Paquet →P.32

格勒諾布爾塔

400日圓（含稅）
供應期間 不定期

用富含奶油、甜甜鹹鹹的布列塔尼酥餅當塔台，大量放上烤得香噴噴後再焦糖化的核桃，因此入口酥脆。最後放上酥皮紙，它的薄脆口感也很有意思。

模型尺寸：8cm×4.4cm×高1.5cm

蜜魯立頓塔

Maison de Petit Four →P.6

蜜魯立頓塔

416日圓（含稅）／供應期間 全年

在鋪進塔模的甜麵糰裡放入酸味豐富的杏桃蜜餞，擠進馬卡龍的素材之一「馬卡龍蛋奶醬」後烘烤。大量撒上糖粉。是一款基本又樸素的塔。

模型尺寸：直徑7cm×高2cm

Pâtisserie L'abricotier →P.88

蜜魯立頓塔

300日圓（含稅）／供應期間 秋季～冬季

這是法國諾曼第地區的地方甜點，在摻了榛果粉的蛋奶醬中放入栗子和核桃後烘烤，是店內的人氣商品。「蜜魯立頓」在法語的意思是「騎兵的帽子」，因此它的特色就是造型如騎兵帽般可愛。

模型尺寸：直徑6.5cm×高2.3cm

克拉芙緹

Pâtisserie Les années folles →P.116

利穆贊克拉芙緹

390日圓（未稅）／供應期間 7月底～9月

這是法國利穆贊地區的地方甜點之一。特色在於使用利穆贊當地的櫻桃，以及蛋奶醬入口即化的滑潤感。放了稍多的櫻桃白蘭地，風味更令人印象深刻。

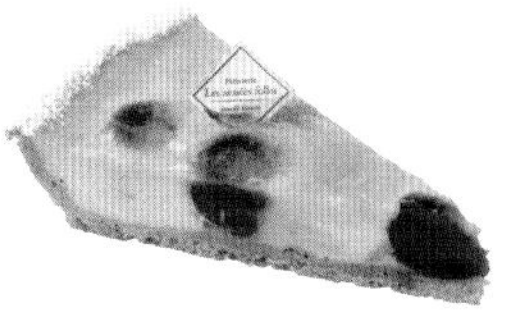

模型尺寸：直徑21cm×高3cm（1/10片）

PATISSERIE Un Bateau →P.152

漿果起司克拉芙緹

420日圓（含稅）／供應期間 不定期

加了奶油起司的蛋奶醬，口感宛如布丁般柔嫩，吃進嘴裡，蛋奶醬包覆住草莓和塔皮，一次品嚐到起司、水果和甜麵糰融合的好滋味。加強烤箱的上火，因此表面呈現美麗的烤色。

模型尺寸：直徑18cm×高2.5cm（1/8片）

杏仁塔

LOTUS洋菓子店 →P.144

杏仁塔

420日圓（含稅）
供應期間 全年（盛夏除外）

使用芳香四溢的西西里島杏仁粉做成杏仁奶油醬，是這款塔最吸引人的魅力所在。將與杏仁品種相近的杏桃之半乾燥品鋪在塔台裡，鏡面果膠則採用自家製作的杏桃果醬，滋味非常具深度。

模型尺寸：直徑7cm×高2.5cm

Pâtisserie et les Biscuits UN GRAND PAS →P.68

杏仁塔

350日圓（含稅）
供應期間 全年

將甜麵糰鋪進塔模，再放上黑櫻桃，擠上杏仁奶油餡，排上杏仁片後烘烤。塗上杏桃果醬，中央放上開心果碎粒，邊緣則撒上糖粉。

模型尺寸：直徑6cm×高2.5cm

Pâtisserie Française Archaïque →P.24

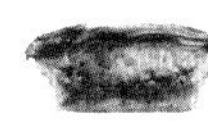

杏仁塔

320日圓（含稅）
供應期間 全年

甜麵糰中擠進杏仁奶油餡，放上黑醋栗果醬和整顆黑醋栗，再次擠進杏仁奶油餡，放上杏仁片後烘烤。表面塗上黑醋栗果膠。是一款能夠充分品嚐杏仁與黑醋栗的塔。

模型尺寸：直徑7cm×高2cm

pâtisserie accueil →P.108

杏仁塔

300日圓（未稅）
供應期間 全年

加了杏仁粉的甜麵糰中，倒入杏仁奶油餡和糖漬的酸櫻桃。表面塗上酸櫻桃的糖漿，然後在半邊撒上糖粉。

模型尺寸：直徑5cm×高1.5cm

檸檬

Pâtisserie Salon de Thé Goseki →P.12

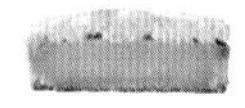

檸檬塔

445日圓（含稅）
供應期間 全年

在杏仁奶油餅乾麵糰中擠入檸檬奶油餡和義式蛋白霜後烘烤。蛋白霜的甜味中和了檸檬奶油餡的酸甜，而且塔皮沙沙的口感也增添了香氣。深受女性顧客喜愛。

模型尺寸：直徑7.5cm×高1.5cm

藍莓

Pâtisserie Avignon →P.124

藍莓塔

420日圓（未稅）
供應期間 夏季

加了杏仁奶油餡的塔台中，擠入香堤鮮奶油，放上時令水果藍莓，是一款適合夏季享用的甜點。為提升藍莓的風味，在中間暗藏了藍莓果醬。最後放上香堤鮮奶油讓它更有個性。

模型尺寸：直徑6.5cm×高2cm

起司

Pâtisserie Avignon →P.124

白起司塔

1模2420日圓（未稅）、1片400日圓（未稅）
供應期間 全年

這是基本款的起司塔，使用了法國伊思妮（Isigny）公司的「Fromage blanc」和丹麥產的奶油起司「BUKO」。優質起司的濃郁與自然的奶味，能與塔皮的滋味融為一體，美味倍增。

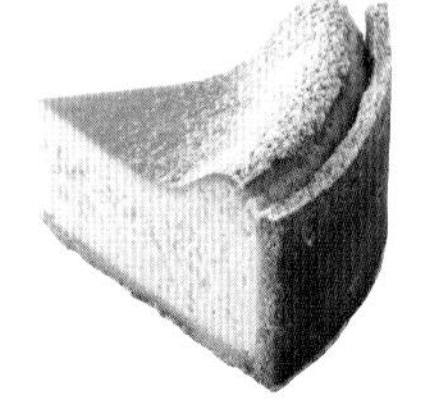

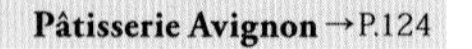

模型尺寸：直徑15cm×高4cm

奶油餅乾麵糰

水果乾

Agréable →P.60

冬季

480日圓（含稅）
供應期間 10月～2月中旬

在巧克力奶油餅乾麵糰和杏仁奶油餡構成的塔台中，放上以伯爵糖漿醃漬的無花果、洋梨等水果乾。這款塔在法國深受好評。加入覆盆子、櫻桃、黑醋栗做成的酸酸甜甜的果凍，則是主廚的創意。

模型尺寸：直徑6.5cm×高1.5cm

柳橙

Pâtisserie Salon de Thé Goseki →P.12

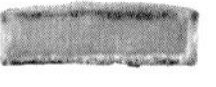

柳橙塔

445日圓（含稅）
供應期間 全年

這款塔只填入柳橙奶油餡，非常簡單。品嚐到杏仁奶油餅乾麵糰的酥脆口感後，緊接著是滑順的柳橙奶油餡在口中擴散。表面包覆著焦糖，脆脆的口感令人眼睛一亮。

模型尺寸：直徑7.5cm×高1.5cm

Agréable →P.60

柳橙塔

480日圓（含稅）
供應期間 9月～5月上旬

將柳橙皮的碎末與柑曼怡酒以等比例混合，然後薄鋪於塔底。倒進柳橙奶油餡後，將表面炙燒成焦糖來提升香氣。最後放上柳橙風味的香堤鮮奶油。

模型尺寸：直徑6.5cm×高1.5cm

咖啡

Agréable →P.60

摩卡塔

480日圓（含稅）
供應期間 全年

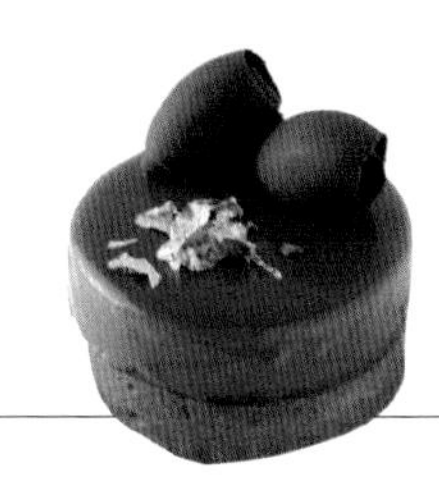

酥脆的塔皮中，大量放上巧克力脆片和柳橙風味的甘納許。此外，還放上帶柑曼怡酒風味、口感滑順的咖啡牛奶巧克力慕斯，可以品味各種素材的完美結合。

模型尺寸：直徑6.5cm×高1.5cm

香料

Pâtisserie Rechercher →P.92

普羅旺斯

450日圓（未稅）
供應期間 全年

使用香料的奶油餅乾麵糰，和肉桂風味的杏仁奶油餡絕搭。擠上牛奶巧克力的甘納許，再放上覆盆子果醬。而用紅葡萄酒醃漬的杏桃和小紅莓，則增添了大人風味。

模型尺寸：直徑5cm×高2cm

蜜魯立頓塔

Agréable →P.60

蜜魯立頓塔

430日圓（含稅）
供應期間 9月～11月上旬

酥脆的奶油餅乾麵糰中，放入以杏仁粉、蛋、細砂糖做成的蛋奶醬與新鮮無花果。材料都是現買現做，魅力在於簡單卻可以吃到工作的熱忱，滋味樸素卻具深度。

模型尺寸：直徑18cm×高2cm（1/6片）

巧克力

Pâtisserie Salon de Thé Goseki →P.12

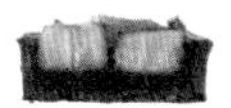

香草香蕉巧克力塔

485日圓（含稅）／供應期間 9月～6月（7、8月以外）

巧克力奶油餅乾麵糰中倒入加了巧克力碎末的杏仁奶油餡，再放上以自家製香草糖嫩煎的香蕉後烘烤。厄瓜多產的成熟香蕉，它那濃郁的甜味與巧克力形成絕配。

模型尺寸：直徑7cm×高2cm

Pâtisserie Avignon →P.124

地中海塔

460日圓（未稅）
供應期間 秋季～冬季

塔台中填入占度亞（Gianduja）甘納許，再擠上占度亞奶油餡。甘納許裡面放入檸檬果泥，底面與內部藏了熬煮1小時的柳橙蜜餞，展現輕快的餘味。

模型尺寸：直徑6.5cm×高2cm

L'ATELIER DE MASSA →P.100

巴黎

380日圓（含稅）
供應期間 全年

在巧克力奶油餅乾麵糰上塗橘皮果醬，放上以柑曼怡酒醃漬的巧克力片和柳橙皮，擠上達克瓦茲後烘焙。這是一款杏仁香氣十足的巴黎地方甜點，主廚依當地的食譜重現。

模型尺寸：直徑6cm×高1.5cm

大黃

Pâtisserie Miraveille →P.120

大黃塔

400日圓（未稅）
供應期間 5月～8月

鬆脆的鹹麵糰中，放入加了杏仁粉與酸奶油而類似布丁的蛋奶醬。然後放進沾了砂糖來增添香氣的大黃後烘烤。最上面是摻了草莓糖漿的蛋白霜。

模型尺寸：直徑7cm×高1.7cm

Chocolatier La Pierre Blanche →P.56

大黃塔

1模1300日圓（含稅）、1片260日圓（含稅）
供應期間 6月～8月

將切細的蛋糕和大黃混合後烘烤，新鮮的大黃已經預先撒上砂糖，會因砂糖的滲透壓而釋出水分，因此塔裡會吸飽大黃的美味。這個做法是沿襲自法國名廚阿蘭· 夏普爾（Alain Chapel）。

模型尺寸：直徑16cm×高2cm

Pâtisserie La cuisson →P.40

莓果佐大黃塔

411日圓（含稅）
供應期間 春季～夏季

蛋奶醬中放進味道酸酸甜甜的大黃蜜餞，再倒進塔皮中，然後塗上與大黃極搭的草莓果醬，再裝飾義式蛋白霜來增加華麗感。因為要倒入蛋奶醬，因此使用比較耐濕氣的脆皮麵糰。

模型尺寸：直徑16cm×高2cm（1/6片）

patisserie AKITO →P.96

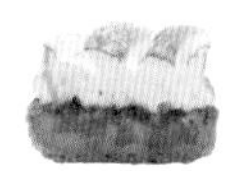

大黃佐野草莓塔

450日圓（未稅）
供應期間 7月～9月底

以類似偏硬布丁的蛋奶醬和法國產的大黃果醬為基底，大量放上信州產的大黃和野草莓做成的果醬，然後覆上蛋白霜。由於果醬分量較多，因此塔皮選用鹹麵糰才不會太甜。

模型尺寸：直徑7cm×高2cm

脆皮麵糰
鹹麵糰

藍莓

équibalance →P.128

藍莓派

1模1680日圓（含稅）、1片420日圓（含稅）
供應期間 7月～8月

使用酸味強烈、滋味濃郁的信州藍莓「達樂」。塞滿藍莓果醬和新鮮藍莓後烘烤，可同時享用酸酸甜甜和清爽的好滋味。

模型尺寸：直徑16cm×高2cm

Chocolatier La Pierre Blanche →P.56

藍莓塔

1模1080日圓（含稅）、1片260日圓（含稅）
供應期間 6月～8月

法國和美國產的冷凍藍莓，比新鮮藍莓更適合用在塔上。將細砂糖撒滿塔皮後鋪進塔模裡，再塞滿藍莓，以高溫一口氣烘烤而成，極樸素的美味。

模型尺寸：直徑16cm×高2cm

桃子

Pâtisserie Française Yu Sasage →P.76

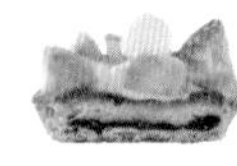

杏桃塔

540日圓（含稅）
供應期間 7月～8月

將脆皮麵糰鋪進塔模後，薄塗一層覆盆子果醬，擠上卡士達杏仁奶油餡後烘烤。再擠進卡士達奶油餡，放上杏桃，點綴上紅醋栗，再擠上香堤鮮奶油。

模型尺寸：直徑8.5cm×高1.5cm

杏桃

Pâtisserie Avignon →P.124

杏桃塔

250日圓（未稅）／供應期間 不定期

微鹹的鹹麵糰中，填入杏仁奶油餡和滋味濃郁的法國產杏桃，然後一次烘烤而成。鹹麵糰酥脆、杏仁奶油餡柔軟，可以品嚐到兩種口感的對比。

模型尺寸：直徑6.5cm×高2cm

櫻桃

Chocolatier La Pierre Blanche →P.56

櫻桃塔

1模1300日圓（含稅）、1片260日圓（含稅）
供應期間 6月～8月

將奶油、砂糖、蛋、杏仁粉以等比例混合而成的杏仁奶油餡放進塔皮中，而且是一大早現做。不會太甜的冷凍酸櫻桃，和帶肉桂風味的奶酥搭配得絕妙無比。

模型尺寸：直徑16cm×高2cm

Chocolatier La Pierre Blanche →P.56

櫻桃克拉芙緹

860日圓（含稅）
供應期間 6月～8月

將鹹麵糰擀得很薄，厚度只有1mm。原本的食譜是使用牛奶和鮮奶油，這裡換成更濃郁且滑順的白起司，將家庭甜點克拉芙緹做出稍微洗練的滋味。

模型尺寸：直徑11cm×高2cm

蘋果

PATISSERIE LES TEMPS PLUS →P.112

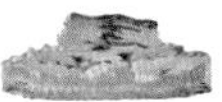

蘋果塔

1728日圓（含稅）／供應期間 全年

將口感酥脆的脆皮麵糰擀成厚度3mm，再擠進杏仁奶油餡，然後填滿蘋果蜜餞。上面排滿蘋果切片後烘烤，能夠滿足地品嚐到蘋果美味。

模型尺寸：直徑14cm×高2cm

反烤蘋果塔

ARCACHON →P.72

反烤蘋果塔

480日圓（未稅）／供應期間 全年

用厚度3mm的脆皮麵糰來盛裝焦糖化蘋果的甜與微苦。這個麵糰的長處是吸收了蘋果的水分後仍能保持原有的口感。而且用不甜的香堤鮮奶油來襯托蘋果的美味。

模型尺寸：直徑7cm

Agréable →P.60

反烤蘋果塔

480日圓（含稅）／供應期間 10月～2月中旬

將紅玉蘋果以食物調理機打碎，再拌入焦糖、砂糖、果膠後熬煮，倒進模型後放進烤箱烘烤，這種獨創手法能做出如羊羹般濃郁的滋味與口感。為了讓人吃不膩，使用杏仁奶油餡，並且增加塔皮的比例。

模型尺寸：直徑6cm×高5cm

Pâtisserie PARTAGE →P.148

反烤杏桃蘋果塔

1800日圓（含稅）／供應期間 秋季

用少量的奶油和細砂糖、小豆蔻、肉豆蔻等香料烹煮杏桃，然後大量放在脆皮麵糰上，烘烤6小時左右。魅力在於1模約使用20個多肉的杏桃，酸甜滋味令人垂涎。

模型尺寸：直徑12cm×高5cm

黃香李

Chocolatier La Pierre Blanche →P.56

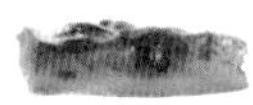

黃香李塔

1模1300日圓（含稅）、1片260日圓（含稅）
供應期間 6月～8月

將鹹麵糰擀成厚度1.5mm，填入法國洛林地方特產金桔一般大小的李子「黃香李」，撒上糖粉再高溫烘烤，非常簡單。溫和的酸甜滋味獨特，與這款塔皮搭得極妙。

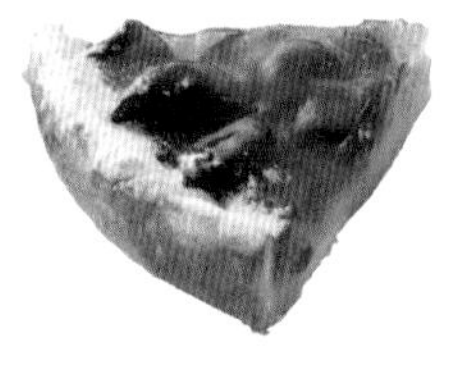

模型尺寸：直徑16cm×高2cm

吉布斯特

Pâtisserie SOURIRE →P.18

杏桃吉布斯特塔

480日圓（含稅）
供應期間 7月～8月（杏桃上市時期）

在脆皮麵糰的內側底面塗上杏仁奶油餡，填入黃桃及法國產紅桃後烘烤。再疊上加了桃子果泥的吉布斯特奶油餡，表面撒上糖粉後焦糖化。

模型尺寸：直徑7.5cm×高2cm

蛋白霜

ARCACHON →P.72

隨心所欲塔

440日圓（未稅）
供應期間 全年

將脆皮麵糰擀成厚度2mm，擠進卡士達奶油餡後烘烤。放上新鮮水果，再放上覆盆子的義式蛋白霜，用噴火槍上烤色，淋上鏡面果膠，最後撒上粉紅胡椒。

模型尺寸：直徑7cm×高1.6cm

葡萄

Pâtisserie Française Yu Sasage →P.76

葡萄塔

1模2640日圓（含稅）、1片440日圓（含稅）
供應期間 8月～9月

脆皮麵糰中擠進卡士達杏仁奶油餡，再埋進大量的巨蜂葡萄（帶皮）後烘烤。微鹹且口感酥脆的塔皮、濕潤的卡士達杏仁奶油餡、水嫩多汁的巨蜂葡萄，三者完美結合。

模型尺寸：直徑18cm×高2.5cm

檸檬

pâtisserie mont plus →P.36

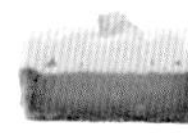

檸檬塔

400日圓（未稅）
供應期間 全年

酸酸且清爽的檸檬奶油餡。將口感比千層酥皮麵糰更輕鬆的鹹麵糰擀成厚度2mm，然後烤得鬆鬆脆脆、入口即化。蛋白霜上面撒了糖粉，讓表面薄而堅挺。

模型尺寸：直徑7cm×高2cm

PATISSERIE Un Bateau →P.152

檸檬塔

440日圓（含稅）
供應期間 全年

這是檸檬派的進化版。大量使用檸檬汁做成餘味清爽的檸檬慕斯，和濃郁的卡士達奶油餡堪稱絕妙組合。側面塗滿了餅乾碎屑，是口感上的亮點。

模型尺寸：直徑18cm×高2.5cm（1/8片）

起司

Maison de Petit Four →P.6

維奇

497日圓（含稅）
供應期間 全年

這個名稱在法語中是母牛的意思。鹹麵糰中填入濃郁且帶鹹味的起司奶油，再疊上檸檬風味的白起司慕斯，然後用香堤鮮奶油包覆住。是某家報紙票選第一名的人氣商品。

模型尺寸：直徑7cm×高2cm

愛之井

Pâtisserie Avignon →P.124

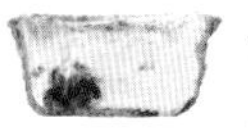

愛之井

350日圓（未稅）
供應期間 不定期

這是法國諾曼第地方的傳統甜點，在派皮上放了入口即化的卡士達奶油餡和覆盆子。將新鮮的覆盆子冷凍後再放上去，做出柔軟的口感。特色在於帶點覆盆子白蘭地的風味。

模型尺寸：底面直徑5.5cm、上面直徑7.5cm×高3.5cm

洛林塔

Pâtisserie PARTAGE →P.148

洛林塔

390日圓（含稅）
供應期間 全年

這是主廚在法國洛林地區旅行時邂逅的起司塔。將白起司做成的蛋奶醬倒進脆皮麵糰後烘烤。看起來很濃郁，吃起來卻意外清爽。建議冰冰吃。

模型尺寸：直徑9.5cm×高2.5cm

談話塔

pâtisserie accueil →P.108

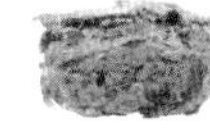

談話塔

280日圓（未稅）
供應期間 全年

配方很傳統，就是鹹麵糰與杏仁奶油餡。塗上糖衣、放上切細的鹹麵糰後烘烤，以法式談話塔的原味為目標。不將塔皮與塔模緊密貼合，故意做成輕飄飄狀。

模型尺寸：直徑5cm×高1.5cm

法式鹹派

Pâtisserie Les années folles →P.116

洛林法式鹹派

350日圓（未稅）
供應期間 秋季～春季

塔台採用厚度僅有1.5mm的鹹麵糰，除了和蛋奶醬的味道極搭之外，容易入口也是魅力所在。餡料的素材會隨季節改變，照片上是使用鴻喜菇、香菇、培根、菠菜、青蔥。

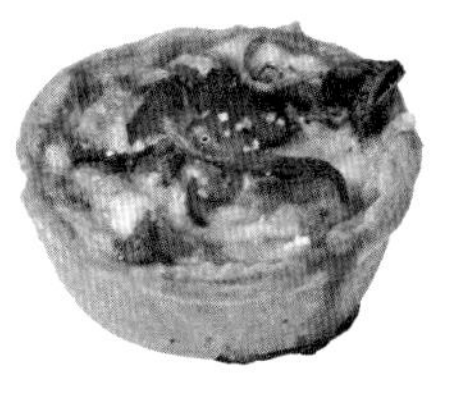

模型尺寸：底面直徑6cm、上面直徑8cm×高2.5cm

里昂

Pâtisserie PARTAGE →P.148

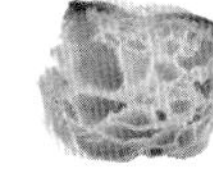

里昂

360日圓（含稅）
供應期間 全年

這是法國里昂地區的傳統甜點。將泡芙麵糊和卡士達奶油餡混合後，放在脆皮麵糰上面，烘烤後膨脹起來。雖然樸素，卻可以品嚐到塔皮的美味。建議稍微加熱後享用。

模型尺寸：直徑6.5cm×高3cm

新橋塔

Pâtisserie Recherchер →P.92

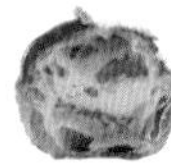

新橋塔

280日圓（未稅）／供應期間 全年

酥脆的千層酥皮麵糰中，放進甜味優雅的肉桂風味蘋果蜜餞和卡士達奶油餡。酸酸甜甜的覆盆子和紅醋栗果醬，演出絕妙的合奏。

模型尺寸：直徑4.5cm×高2cm

Maison de Petit Four →P.6

新橋塔

416日圓（含稅）／供應期間 全年

這是一款極傳統的塔。在千層酥皮麵糰裡放進洋梨蜜餞，再擠上卡士達奶油餡混合泡芙麵糊後的餡料。用千層酥皮麵糰排成十字圖案後烘烤，然後間隔地以覆盆子果醬和糖粉裝飾。

模型尺寸：直徑7cm×高2cm

蘋果

PATISSERIE a terre →P.136

蘋果法式薄片塔

1200日圓（未稅）／供應期間 10月～2月

在杏仁奶油餡上呈放射狀排列切成薄片的蘋果，並且重疊地排2～3層。切碎的奶油、細砂糖，以及撒在表面的香料糕餅粉所散發的獨特香氣，在在襯托出蘋果的甘甜。

模型尺寸：直徑18cm

Pâtisserie L'abricotier →P.88

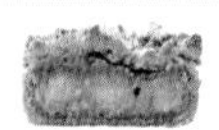

媽咪塔

360日圓（含稅）／供應期間 不定期

以奶油和細砂糖嫩煎蘋果和大黃，然後填入烤好的派皮中，再放上肉桂風味的脆片後再次烘烤。水果的強烈酸味與脆片的酥脆口感為特色。

模型尺寸：直徑7cm×高1.5cm

千層酥皮麵糰

談話塔

PATISSERIE a terre →P.136

談話塔

280日圓（含稅）
供應期間 全年

法國傳統甜點之一。用蓬鬆香酥的千層酥皮麵糰包住奶油香氣十足的杏仁奶油餡，表面則放上酥脆的糖衣和圓條狀的麵糰。一口咬下，能吃到酥酥脆脆、熱熱鬧鬧的口感。

模型尺寸：直徑6.5cm×高1.5cm

équibalance →P.128

談話塔

345日圓（含稅）
供應期間 全年

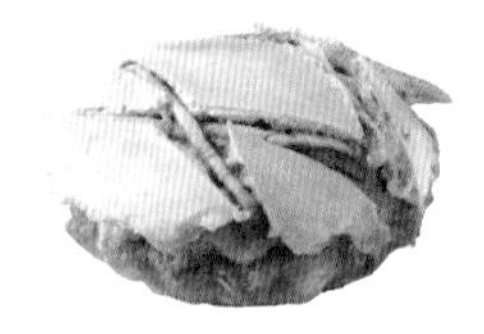

這是法國的傳統甜點，在千層酥皮麵糰上填入杏仁奶油餡，蓋上蓋子，上面塗糖衣，再用做成細帶狀的麵糰排成格子圖案後烘烤。表面烤成像膨糖般脆脆的。

模型尺寸：直徑8cm×高2cm

Maison de Petit Four →P.6

談話塔

416日圓（含稅）
供應期間 全年

不但是主廚的拿手甜點，而且是他想極力推廣出去的傳統甜點之一。在千層酥皮麵糰中放進蘋果蜜餞，再擠上杏仁奶油餡。表面塗上糖衣，上面再以千層酥皮麵糰排成格子圖案後烘烤。

模型尺寸：直徑7cm×高2cm

紅桃

Pâtisserie Salon de Thé Goseki →P.12

紅桃塔

620日圓（含稅）
供應期間 7月～9月

快速千層酥皮麵糰中薄鋪一層內格麗達杏仁奶油餡，放上蛋糕碎屑，再放上冷凍的紅桃（法國產）烤烘而成。紅桃溫和的芳香與微酸深具魅力。

模型尺寸：35cm×11cm×高2.3cm（1/6片）

愛之井

LOTUS洋菓子店→P.144

愛之井

520日圓（含稅）
供應期間 全年（盛夏除外）

三折後四折，交互進行5次，如此精心製作的塔皮空燒後，放進以焦糖嫩煎的洋梨和卡士達奶油餡。嫩煎時使用了利口酒，因此有微微的香氣。水果有時會換成鳳梨、香蕉等。

模型尺寸：直徑7cm×高2.5cm

米

Pâtisserie chocolaterie Chant d'Oiseau →P.80

米布丁塔

1模2800日圓（含稅）、1片350日圓（含稅）
供應期間 全年

比利時的傳統甜點之一。用牛奶、鮮奶油等熬煮米，放進千層酥皮麵糰中，再倒進混合了卡士達奶油餡的蛋奶醬後烘烤。米是使用「越光米」，表現出Q彈的口感。和鹹麵糰也很搭。

模型尺寸：直徑15cm×高5cm

反烤蘋果塔

L'ATELIER DE MASSA →P.100

反烤蘋果塔

490日圓（含稅）／供應期間 10月～4月下旬

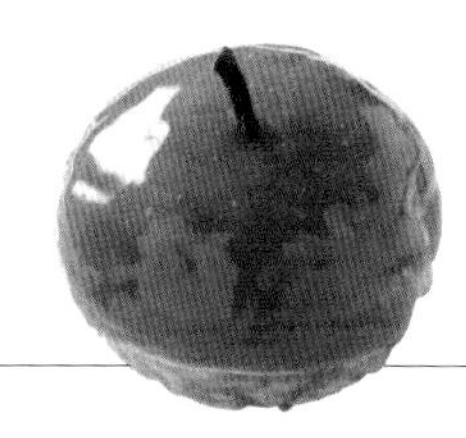

使用半顆以焦糖熬煮1小時的蘋果。為了與甜度濃郁的蘋果取得平衡，中間夾了卡士達奶油餡和白起司。蘋果是採用煮後不易變形的「富士」品種。整顆塔的造型即如一顆蘋果。

模型尺寸：直徑6cm×高1.5cm

PATISSERIE a terre →P.136

反烤蘋果塔

450日圓（未稅）／供應期間 10月～2月

使用即使烘烤也能品嚐出蘋果酸味的「紅玉」，以及甜度十足的「富士」蘋果。將去皮後的蘋果，連同果皮和果核一起熬煮1～2小時，過程中不斷將蘋果釋出的果汁淋在蘋果上，讓蘋果的美味濃縮進去。

模型尺寸：直徑15cm×高3cm（1/8片）

PÂTISSERIE GEORGES MARCEAU →P.132

反烤蘋果塔

420日圓（含稅）／供應期間 12月～3月

將蘋果放進鍋中煮好後，再放進烤箱烘烤4小時，這樣就不必使用果膠，而能做出柔軟卻不變形的反烤蘋果塔了。蘋果是採用酸味適度的「富士」種，塔皮則是香酥十足的千層酥皮麵糰。

模型尺寸：直徑15cm（1/8片）

梨子

Passion de Rose →P.52

洋梨塔

500日圓（含稅）／供應期間 10月

將千層酥皮麵糰擀成厚度1mm，填入卡士達杏仁奶油餡，再放上洋梨蜜餞後烘烤。因為喜歡柑橘類，而且不想加入其他的味道和香氣，因此使用自家製作的檸檬風味果膠。

模型尺寸：直徑30cm×高2cm（1/12片）

奶酥麵糰

Delicius →P.64

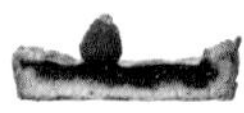

覆盆子塔

350日圓（未稅）
供應期間 2015年1月～

用自家製作的覆盆子果醬和塔皮一起烘烤。為了展現覆盆子原本的味道與含有顆粒的口感，不切碎或磨成果泥，而是直接熬煮整顆覆盆子。味道濃郁但酸味剛剛好，餘味也很順口。

模型尺寸：7cm×25cm×高2cm（1/9片）

Delicius →P.64

溫州蜜柑塔

400日圓（未稅）／供應期間 全年

用溫州蜜柑的皮和果實做成獨門果醬，然後和塔皮一起烘烤，最後放上有夢幻品種美稱的溫州蜜柑的蜜餞。由於是將成熟前的果實加以特殊處理，因此呈綠色。蓬鬆的塔皮和黏稠的果醬形成絕配。

模型尺寸：7cm×25cm×高2cm（1/9片）

Delicius →P.64

藍莓佐蘋果塔

400日圓（未稅）／供應期間 秋季～冬季

將蓬鬆輕盈的塔皮與自家製作的藍莓果醬一起烘烤。果醬中摻進了櫻桃以及用紅葡萄酒熬煮的蘋果，因此在藍莓特有的濃濃酸甜中，還吃得到柔嫩的果粒。

模型尺寸：7cm×25cm×高2cm（1/9片）

酥皮紙

Pâtisserie Les années folles →P.116

水果塔

480日圓（未稅）
供應期間 不定期

重疊了3片酥皮紙來提高防水性，再放進開心果杏仁奶油餡、覆盆子。上面是卡士達奶油餡和時令水果。照片中使用了無花果、藍莓、巨蜂葡萄、鳳梨等8種水果。

模型尺寸：底面直徑6cm、上面直徑8cm×高2.5cm

巴斯克麵糰

ARCACHON →P.72

櫻桃巴斯克蛋糕

1模1560日圓（未稅）、1片260日圓（未稅）
供應期間 全年

將放了杏仁粉而更富風味的巴斯克麵糰鋪得厚一些，然後塗上卡士達奶油餡，再塗上黑櫻桃果醬。蓋上一層巴斯克麵糰，塗上蛋汁，描繪圖案後烘烤。

模型尺寸：直徑16cm×高2.3cm

Pâtisserie Les années folles →P.116

巴斯克蛋糕

420日圓（未稅）／供應期間 全年

巴斯克麵糰是使用奶味豐富且質地濃郁的高千穗奶油。裡面的卡士達奶油餡中加了檸檬果醬來增添怡人的香氣與酸味，烘烤後於表面撒上肉桂粉，製造犀利的滋味。

模型尺寸：底面直徑6cm、上面直徑8cm×高2.5cm

PATISSERIE LES TEMPS PLUS →P.112

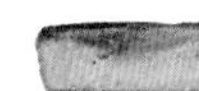

巴斯克蛋糕

1296日圓（含稅）／供應期間 全年

將巴斯克麵糰擀得稍厚些，用圓形模割出來後，每一模使用2片。將一片塔皮鋪進塔模後，擠進卡士達奶油餡，再將另一片塔皮當成蓋子蓋上後烘烤。增加中間的奶油餡分量，烤出塔的感覺來。

模型尺寸：底面直徑12cm、上面直徑14cm×高3.5cm

林茲麵糊

Pâtisserie Française Archaïque →P.24

林茲塔

350日圓（含稅）
供應期間 全年

取自於法文「Linzer Torte」。麵糊裡放了磨成粉狀的杏仁、榛果、肉桂、丁香等香料，質地濃郁。將香料麵糊擠進塔模中，再擠進紅醋栗果醬後，用麵糊在上面畫出格子圖案，烘烤即成。

模型尺寸：直徑8cm×高3cm

各家甜點坊簡介＆
派塔的介紹頁碼

アグレアーブル
Agréable

巧克力瑪薩拉酒塔→P.60

共有18～20種小糕點。適合當禮物的燒菓子，以及使用水果、蔬菜製成的果醬也很豐富。附設舒適怡人的咖啡廳。

住所　京都府京都市中京区夷川通高倉東入天守町757 ZEST-24 1F
電話　075-231-9005
營業時間　10時～20時
公休日　不定期
URL　無

パティスリー　アキト
patisserie AKITO

檸檬萊姆塔→P.96

2014年4月開幕。以法式甜點為主，而且全都是田中哲人主廚認為「很好吃的甜點」。主廚擅長製作果醬，因此生菓子也幾乎都放了果醬。

住所　兵庫県神戸市中央区元町通3-17-6 白山ビル1F
電話　078-332-3620
營業時間　10時～19時（店內用餐最後點餐時間為18時30分）
公休日　週二（逢國定假日改為隔天）
URL　http://www.kobe-akito.com/

パティスリー　ア テール
PATISSERIE a terre

紅酒無花果塔→P.136

除了傳統的法式甜點外，也同時製作不拘風格流派、自由發想出來的個性化甜點。擅長使用香料，令人享用後齒頰留香。

住所　大阪府池田市上池田2-4-11
電話　072-748-1010
營業時間　10時～19時
公休日　週三
URL　http://aterre.citylife-new.com/

パティスリー　アクイユ
pâtisserie accueil

瓜地馬拉→P.108

大阪「中谷亭」的前副主廚川西康文於2014年6月所開的店。店內走休閒舒適的咖啡廳風格，開業未久，高雅的甜點即搏得好評。

住所　大阪府大阪市西区北堀江1-17-18 102
電話　06-6533-2313
營業時間　10時～20時
公休日　週二
URL　無

パティスリー　アンバトー
PATISSERIE Un Bateau

蘋果佐番薯塔→P.152

店內的甜點雖然外表樸素，但個個都可窺見細緻的工法與用心。小糕點經常備齊15～20種，當中派塔佔5種左右，且會隨季節推出不同口味的產品。

住所　奈良県生駒市東生駒月見町190-1
電話　0743-73-7228
營業時間　10時～20時
公休日　不定期
URL　http://www.un-bateau.com/

パティスリー　アビニヨン
Pâtisserie Avignon

紅桃塔→P.124

主廚最拿手的就是高級的正統法式甜點。但他也注意到要少在甜點中摻酒，製作出適合老街的蛋糕，因此客層老少皆有。

住所　東京都墨田区墨田3-1-19
電話　03-3612-1763
營業時間　11時～20時
公休日　週二、第三個週三
URL　http://www.g-3080.com/avignon/

フランス菓子　アン・プチ・パケ
PATISSERIE FRANÇAISE Un Petit Paquet

香蕉椰絲塔→P.32

「一種比一種更好吃！」抱此想法的及川主廚頻繁地更換產品，因此每次到店裡都能有驚喜。店內附設沙龍。

住所　神奈川県横浜市青葉区みすずが丘19-1
電話　045-973-9704
營業時間　週一～週五　10時～19時（餐廳最後點餐時間為18時）
週六、週日、國定假日　10時～20時（餐廳最後點餐時間為19時）
公休日　週三
URL　http://www.un-petit-paquet.co.jp/

フランス菓子　アルカイク
Pâtisserie Française Archaïque

果仁糖塔→P.24

以燒菓子的美味與種類繁多聞名，此外，以塔皮為底座的生菓子也很豐富，維也納麵包也頗受好評。至2014年10月，已經開業10周年。

住所　埼玉県川口市戸塚4-7-1
電話　048-298-6727
營業時間　週一～六　9時30分～19時30分
週日、國定假日　9時30分～19時
公休日　週四
URL　無

エキュバランス
équibalance

紅酒風味的無花果塔→P.128

山岸修主廚原本是一位法式料理廚師，他將香料運用在甜點中，精心製作出許多法式甜點。可在店內用餐。

住所　京都府京都市左京区北白川山田町4-1
電話　075-723-4444
營業時間　10時～19時
公休日　週一
URL　http://www.equibalance.jp

アルカション
ARCACHON

阿爾卡雄夫人→P.72

從使用嚴選食材製作的生菓子，到有熟食餡料的麵包，產品種類豐富。法國名店「MarQuet」的專利商品「船尾」（Dunette），全日本只有這家店取得製作授權。

住所　東京都練馬区南大泉5-34-4
電話　03-5935-6180
營業時間　10時30分～20時
公休日　週一、不定期
URL　http://arcachon.jp/

パティスリー　サロン　ド　テ　ゴセキ
Pâtisserie Salon de Thé Goseki

大黃塔→P.12

2001年3月開幕。老闆五關主廚致力研究法式的古典甜品，店內主要提供他最偏愛的派塔，以及具有深度滋味的正統派甜點。

住所　東京都武蔵野市御殿山1-7-6
電話　0422-71-1150
營業時間　10時～20時（點餐最後時間為18時30分）
公休日　週四
URL　http://www.p-goseki.com/

アングランパ
Pâtisserie et les Biscuits UN GRAND PAS

雪堤塔→P.68

2014年10月開幕滿周年。丸岡主廚表示，在不久的將來，想開一家全部使用自家製作麵粉並且專門製作精緻小餅乾的店。

住所　埼玉県埼玉市大宮区吉敷町4-187-1
電話　048-645-4255
營業時間　10時～20時
公休日　週一
URL　無

デリチュース

Delicius

蘋果塔→P.64

與店名相同的起司蛋糕，成為該店的代名詞。主廚持續尋求新的食材，並不斷推出新作。2014年6月在新加坡開設新店。

住所　大阪府箕面市小野原西6-14-22
電話　072-729-1222
營業時間　10時～20時
公休日　週二；第一、三個週一（週二為國定假日則營業）
URL　http://www.delicius.jp/

パティスリー ショコラトリー　シャンドワゾー

Pâtisserie chocolaterie Chant d'Oiseau

馬提尼克香草塔→P.80

2010年10月開幕後便成為當地的人氣商店，同時也是一家受歡迎的巧克力專賣店，種類有香豆、百香果等6種，冬天還會增加到10種左右。

住所　埼玉県川口市幸町1-1-26
電話　048-255-2997
營業時間　10時～20時
公休日　週二
URL　http://www.chant-doiseau.com/

トゥレ・ドゥー

Tous Les Deux

柑橘太陽→P.140

2001年11月開幕，是京都地區的人氣甜品店。展示櫃中的生菓子，華麗得奪人眼目。可以在店內用餐，每月都會舉辦數次蛋糕吃到飽活動。

住所　京都府京都市中京区三条通新町角
電話　075-254-6645
營業時間　11時～21時
公休日　週四
URL　http://www.nau-now.com/cake/touslesdeux/

パティスリー　シュエット

Pâtisserie Shouette

西西里→P.104

老闆水田亞由美主廚曾在東京的「PÂTISSIER SHIMA」修業。這家店是獨棟建築，紅色的屋頂非常可愛，店內擺滿法式傳統甜點與季節性的水果塔。

住所　兵庫県三田市すずかけ台1-6-2
電話　079-564-7888
營業時間　10時～20時
公休日　週一（逢國定假日改為隔天）
URL　http://www.shouette.jp/

パティスリー　パクタージュ

Pâtisserie PARTAGE

榛果栗子塔→P.148

2013年3月開幕，位於小田急線玉川學園車站附近。以法式傳統甜點為主，麵包類也很豐富。二樓時常開設蛋糕教室，吸引當地人前來學習。

住所　東京都町田市玉川学園2-18-22
電話　042-810-1111
營業時間　10時～19時
公休日　週二
URL　http://www.patisserie-partage.com/

パティスリー　ジョルジュマルソー

PÂTISSERIE GEORGES MARCEAU

無花果塔→P.132

位於福岡赤坂的「GEORGES MARCEAU餐廳」於2006年開幕後，就成為人氣甜點坊了。店內有很多使用九州農民栽種的時令水果所製成的甜點。

住所　福岡県福岡市中央区桜坂3-81-2
電話　092-741-5233
營業時間　10時～20時
公休日　週二
URL　http://gm.9syoku.com/

パッション ドゥ ローズ

Passion de Rose

栗子黑醋栗塔→P.52

田中貴士主廚在日本和法國各名店磨練技藝後，於2013年4月開業。以法國各地和日本的食材為主題，每個月皆製作出不同的甜點而倍受注目。

住所　東京都港区白金1-14-11
電話　03-5422-7664
營業時間　10時～19時
公休日　全年無休（年終年初除外）
URL　Facebook搜尋「Passion de Rose」

パティスリー　スリール

Pâtisserie SOURIRE

油桃薄片塔→P.18

曾在東京銀座的餐廳「L'OSIER」擔任甜點主廚，岡村主廚於2005年開設這家店。週末限定商品及夏季的冰淇淋都人氣正夯。

住所　東京都目黒区五本木2-40-8
電話　03-3715-5470
營業時間　10時～20時
公休日　週三
URL　http://www.patisserie-sourire.com/

パティスリー　ユウ ササゲ
Pâtisserie Française Yu Sasage

香水→P.76

遵循法式甜點基本原則，又隨處可見捧主廚的匠心獨具，自2013年開業以來，大受當地客及甜點迷的支持。

住所	東京都世田谷区南烏山6-28-13
電話	03-5315-9090
營業時間	10時～19時
公休日	週二、第二個週三
URL	http://ameblo.jp/patisserieyusasage2013/

パティシエ・シマ
PÂTISSIER SHIMA

馬達加斯加香草塔→P.48

1998年開幕以來，店內經常備齊40種以上的生菓子和30種以上的燒菓子。兩間並連的「L'ATELIER DE SHIMA」設有沙龍，也販售維也納麵包。

住所	東京都千代田区麹町3-12-4 麹町KYビル 1F
電話	03-3239-1031
營業時間	週一～週五10時～19時，週六、國定假日10時～17時
公休日	週日
URL	http://www.patissiershima.co.jp/

パティスリー　ラ・キュイッソン
Pâtisserie La cuisson

馬斯卡彭起司濃縮咖啡塔→P.40

位於周邊正在開發中的八潮車站附近，徒步約8分鐘，2011年4月開幕。除了多彩多姿的燒菓子與華麗的生菓子之外，也致力於生產白吐司等自家製作的麵包。

住所	埼玉県八潮市南川崎882 ライツェントヴォーネン101
電話	048-948-7245
營業時間	10時～19時
公休日	週三、第三個週二（逢國定假日會更動）
URL	http://ameblo.jp/la-cuisson/

パティスリー　ミラヴェイユ
Pâtisserie Miraveille

收穫→P.120

妻鹿主廚是倍受注目的年輕主廚之一。法式千層酥、泡芙塔等重新調整配方以及主廚自創的生菓子，約有20種。

住所	兵庫県宝塚市伊子志3-12-23-102
電話	0797-62-7222
營業時間	10時～19時
公休日	週三
URL	http://miraveille.com

パティスリー　ラ・スプランドゥール
Pâtisserie La splendeur

番茄白起司塔→P.84

藤川主廚十分重視製作甜點的基本功，而且不斷追求意外性與進步性。店內除了備有生菓子15～20種、燒菓子約40種之外，也有果醬約14種。

住所	東京都大田区南久が原2-1-20
電話	03-3752-5119
營業時間	10時～19時
公休日	週三
URL	http://www.cakechef.info/shop/la_splendeur/

メゾン・ド・プティ・フール
Maison de Petit Four

無花果塔→P.6

從燒菓子到甜糕餅、維也納麵包等，產品琳瑯滿目。主廚也致力於傳統甜點製作。烘烤型的塔、生菓子型的塔等，種類繁多。

住所	東京都大田区仲池上2-27-17
電話	03-3755-7055
營業時間	9時30分～18時30分
公休日	週三
URL	http://www.mezoputi.com/

ラトリエ ドゥ マッサ
L'ATELIER DE MASSA

Chamaeleon～變色龍～→P.100

上田主廚擁有在法國長年的修業經驗。遵循法式甜點的傳統製法，並製作出老少咸宜的甜點。也販售維也納麵包。

住所	兵庫県神戸市東灘区岡本4-4-7
電話	078-413-5567
營業時間	10時～19時
公休日	週二、每月一次不定期休假
URL	http://latelier-massa.com/

パティスリー　モンプリュ
pâtisserie mont plus

白巧克力佐黑醋栗塔→P.36

位於神戶元町，製作傳統再加以創新的法式甜點，小糕點、馬卡龍、燒菓子等，所有甜點的香氣與美味皆經過嚴密計算，在全國各地都有老主顧。

住所	兵庫県神戸市中央区海岸通3-1-17
電話	078-321-1048
營業時間	10時～19時
公休日	週二
URL	http://www.montplus.com

パティスリー　レ タン プリュス
PATISSERIE LES TEMPS PLUS

隨心所欲塔→P.112

在國內外名店磨練過技藝的熊谷治久主廚，於2012年開設本店。從生菓子到維也納麵包等各色甜點齊全，派塔的種類也很豐富。店內附設沙龍。

住所　千葉県流山市東初石6-185-1　エルピス1F
電話　04-7152-3450
營業時間　9時～20時
公休日　週三（逢例假日營業）
URL　無

パティスリー　レザネフォール
Pâtisserie Les années folles

百香果吉布斯特→P.116

「Les années folles」指的是誕生多彩文化的法國1920年代的「瘋狂年代」，以「復古摩登」為主題，供應正統派的甜點。

住所　東京都渋谷区恵比寿西1-21-3
電話　03-6455-0141
營業時間　10時～22時
公休日　不定期
URL　http://lesanneesfolles.jp/

ロトス
LOTUS洋菓子店

洋梨佐栗子塔→P.144

2011年開幕。提供閃電泡芙、磅蛋糕等樸素的甜點，但因為滋味扎實而頗受好評。客層從特地遠道而來的觀光客到附近的年長者都有。

住所　京都府京都市下京区烏丸通松原上ル因幡堂町699
パインオークサーティーン1樓
電話　075-353-2050
營業時間　11時～19時30分
公休日　週二
URL　無

ショコラティエ　ラ・ピエール・ブランシュ
Chocolatier La Pierre Blanche

塔拉千塔→P.56

2005年開幕，以主廚嚴謹做工完成的巧克力甜點為首，甜糕點、燒菓子等應有盡有，夏季的冰甜點也很受歡迎。

住所　兵庫県神戸市中央区下山手通4-10-2
電話　078-321-0012
營業時間　週一～週六10時～19時、週日10～18時
公休日　週二
URL　http://www.la-pierre-blanche.com/

パティスリー　ラブリコチエ
Pâtisserie L'abricotier

菠蘿吉布斯特→P.88

2009年開幕，以當地客為主。店名的意思為「杏木」，因此店面顏色採柳橙色，店內洋溢著溫馨氣氛。設有5張餐桌可供店內享用。

住所　東京都中野区大和町1-66-3
電話　03-5364-9675
營業時間　10時～20時
公休日　不定期
URL　無

パティスリー　ルシェルシェ
Pâtisserie Rechercher

澄黃塔→P.92

在大阪的「中谷亭」、東京的「Coeur en Fleur」磨練技藝的村田義武主廚，於2010年開設本店，供應眾多充滿創意的生菓子和燒菓子。

住所　大阪府大阪市西区南堀江4-5　B101
電話　06-6535-0870
營業時間　10時～19時
公休日　週二、第三個週一
URL　http://rechercher34.jugem.jp/

ルラシオン　アントル レ ガトー エル カフェ
Relation entre les gâteaux et le café

艾克斯克萊兒→P.44

2013年2月開幕。由曾在法國修業的野木主廚所製作的甜點，搭配擔任咖啡師的野木太太所沖泡的咖啡，相益得彰。可在店內用餐。

住所　東京都世田谷区南烏山3-2-8
電話　03-6382-9293
營業時間　10時～20時
公休日　週二
URL　http://www.relation-entre.com

頂尖甜點師的蒙布朗代表作

19X26cm　176頁
彩色　定價450元

頂尖甜點師忍不住想與您分享的蒙布朗自信作！

以阿爾卑斯山的白朗峰外型所設計的蒙布朗，是一種使用栗子為主要原料的法國甜點。由於廣受大眾歡迎，後來也逐漸發展出各式口味的蒙布朗。

本書所介紹的35款蒙布朗甜點，分別是由35位頂尖的甜點師所製作。

書中詳解每一款蒙布朗的構成材料以及製作過程與方法，並由甜點師親自與您分享蒙布朗的製作理念，讓您擁有和名師一樣的思考同步率！

想要知道頂尖甜點師都是如何創作出每一款令人心動的蒙布朗甜點嗎？

豐富、細膩、不私藏的蒙布朗甜點專書，讓您一次就可擁有如夢如幻的驕傲蒙布朗名作！

頂尖甜點師的磅蛋糕自信作
19X26cm　　184 頁
彩色　　定價 450 元

磅蛋糕（Pound cake），又稱「重奶油蛋糕」，是市售常見的蛋糕。原本的意思是指～以奶油、雞蛋、麵粉、糖各取一磅(pound)所做出來的蛋糕。口感非常紮實，味道特別濃郁！

本文收錄，高野幸一主廚使用「粉油拌合法」製作美味磅蛋糕、林主廚強調「用4 種材料組合製作，具簡約、樸實美味等特色的美味甜點」、本鄉主廚對自己甜點的要求是「感覺到和其他甜點有微妙差異的甜點」以及西野主廚傳達「美味能充分保存，又能長久享用這一點，正是烘焙點心的醍醐味。」……等等，35 位頂尖甜點師現身說明，教您做出最專業的磅蛋糕！

從最基本的蛋糕本體製作到淋面和裝飾，全部一次公開，不必再辛苦抄寫專家食譜，也不用費心上網蒐查，只要這本，網羅最具人氣的店家和手藝高超的甜點師，完成職人等級的美味香濃磅蛋糕不再是難事！

TITLE

頂尖甜點師的甜餡塔私藏作

STAFF

出版　瑞昇文化事業股份有限公司
編著　旭屋出版書籍編集部
譯者　林美琪

總編輯　郭湘齡
責任編輯　黃美玉
文字編輯　黃思婷　莊薇熙
美術編輯　謝彥如
排版　二次方數位設計
製版　明宏彩色照相製版股份有限公司
印刷　皇甫彩藝印刷股份有限公司
法律顧問　經兆國際法律事務所　黃沛聲律師

戶名　瑞昇文化事業股份有限公司
劃撥帳號　19598343
地址　新北市中和區景平路464巷2弄1-4號
電話　(02)2945-3191
傳真　(02)2945-3190
網址　www.rising-books.com.tw
Mail　resing@ms34.hinet.net

本版日期　2016年9月
定價　450元

國家圖書館出版品預行編目資料

頂尖甜點師的甜餡塔私藏作 / 旭屋出版書籍編集部編著
; 林美琪譯. -- 初版. -- 新北市 : 瑞昇文化, 2016.03
184面 ; 25.7 X 19公分
ISBN 978-986-401-083-7(平裝)

1.點心食譜

427.16　105002107